哀伤的五道门

放手是最好的疗愈

[美] 弗朗西斯·韦勒 ◎ 著 张钧驰 ◎ 译

The Wild Edge of Sorrow

Rituals of Renewal and
the Sacred Work of Grief

台海出版社

北京市版权局著作合同登记号：图字 01-2024-6606

THE WILD EDGE OF SORROW: RITUALS OF RENEWAL AND THE SACRED WORK OF GRIEF by FRANCIS WELLER, Copyright © 2015 BY FRANCIS WELLER.This edition arranged with NORTH ATLANTIC BOOKS through BIG APPLE AGENCY, LABUAN, MALAYSIA. Simplified Chinese edition copyright © 2025 by Beijing Senmiao Culture Media Co., Ltd. All rights reserved.

图书在版编目（CIP）数据

哀伤的五道门：放手是最好的疗愈 /（美）弗朗西斯·韦勒著；张钧驰译 . -- 北京：台海出版社，2025.4.-- SBN 978-7-5168-4125-9

Ⅰ . B84-49

中国国家版本馆 CIP 数据核字第 20252V15U1 号

哀伤的五道门：放手是最好的疗愈

著　　者：[美]弗朗西斯斯·韦勒　　译　　者：张钧驰

责任编辑：赵旭雯

出版发行：台海出版社
地　　址：北京市东城区景山东街 20 号　　邮政编码：100009
电　　话：010-64041652（发行，邮购）
传　　真：010-84045799（总编室）
网　　址：www.taimeng.org.cn/thcbs/default.htm
E – mail：thcbs@126.com

经　　销：全国各地新华书店
印　　刷：北京兰星球彩色印刷有限公司
本书如有破损、缺页、装订错误，请与本社联系调换

开　　本：880 毫米 ×1230 毫米　　1/32
字　　数：160 千字　　印　　张：7.75
版　　次：2025 年 4 月第 1 版　　印　　次：2025 年 4 月第 1 次印刷
书　　号：ISBN 978-7-5168-4125-9

定　　价：59.80 元

版权所有　　违者必究

献给我的挚友乔伊·帕克（Joy Parker），你是才华横溢的语言艺术家，是美丽和优雅的代名词。

献给我亲爱的孙子卢卡（Luca），愿你的人生旅途充满美好。

悲伤是地球大循环的一部分，它悄然融入夜幕，就像凛冽的空气没入河流。去感受悲伤，就是随着地球的脉搏跳动，是从生命流向死亡，从存在之初抵达存在之终。或许正因如此，地球才能随着时光的流转，将悲伤淘洗至幽暗的深潭中。也正因如此，永不消逝的悲伤才能与生命的洪流建立更深刻的联系，从而连接到奇迹的源泉和慰藉的港湾。

——美国作家凯瑟琳·迪恩·摩尔（Kathleen Dean Moore）

目 录

前　言　/ 001

自　序　/ 007

第一章　成为悲伤的学徒　/ 019

第二章　往返于灵魂的前厅　/ 033

第三章　哀伤的五道门　/ 051

第四章　悲伤的故事：复苏仪式　/ 109

第五章　沉默与独处：孤独之所　/ 131

第六章　穿越坚硬的岩石　/ 149

第七章　饮下世界的泪水　/ 161

第八章　进入疗愈之地：神圣的哀伤工作　/ 171

第九章　成为祖先　/ 191

自助资源 / 205

关于练习的一些思考　 / 205

仁慈的心：自我慈悲的礼物　 / 210

慈心禅　 / 216

自由与选择：应对情结　 / 218

为你与社区设计的仪式　 / 223

应对哀伤的资源　 / 227

致　谢 / 233

前　言

伟大的法国散文家蒙田建议大家"去经历爱与丧失"。这条七个字的生活箴言凝练了人类困境的本质。

只不过，这句话说起来容易做起来难。毕竟，爱与丧失是一枚硬币的两面，爱得越深，丧失也就越深刻。而且，不同的人在面对丧失时也有着截然不同的反应。幸好，人们在历经磨炼之后，学会了许多宝贵的技能，比如，一些生存技巧、指引我们走出悲伤的导航图，以及丧失之地的向导，都能帮助我们在未知的领域求生，甚至在其中找到自己。

韦勒就是丧失之地的资深向导。他给大家传授生存技能，并展示前行的地图。他的骨子里流淌着对悲伤的体悟，在写作时，他化身为所有曾被丧失重塑过的人们。

他坦诚无私地通过文字将这一切分享给大家。

我不知道自己如何或何时成为悲伤的学徒。但我确定，这一学徒经历使我得以重返这个生机盎然的世界。渡过哀伤的黑暗水域，我触摸到了那些我虽然经历过却没能真正体验过的人生……哀伤与生命力之间有着某种奇异的密切关系——看似无法承受的事物却与最精致生动的事物进行着神圣的交换。渐渐地，我对哀伤产生了坚定不移的信念。

在公共福祉癌症帮助计划（the Commonweal Cancer Help Program）中，韦勒与我共同带领为期一周的静修营。我们一起度过了许多个傍晚，共同聆听爱与丧失的故事。我们深知，倾听并尊重这些故事能带来很多有意义的改变。此外，韦勒还独自带领了另一个关于哀伤和丧失的静修营，同样也收到了许多正面反馈。

《哀伤的五道门》汇集了韦勒数十年来在应对哀伤和丧失时所积累的深厚智慧。

> 我们每个人都必须接受悲伤的学徒训练，去学习哀伤的技艺，借由哀伤变得成熟和深刻。虽然哀伤是一种强烈的情感，但它也是我们通过丧失发展出来的一种技能。直面哀伤是一项艰难的工作……面对惊人的丧失需要惊人的勇气，这正是我们被召唤去做的事情。

韦勒原创的贡献之一是勾勒出了五道"哀伤之门"。

第一道门被简单地描述为"我们终将失去所爱的一切"。本书有许多发人深省的引用，比如，韦勒在此处引用了一首12世纪的诗：

去爱

那些死亡能触及之物

本是件可怕的事。

去爱，去希望，去梦想，

哦，以及去失去。

爱，是愚人的事，

去爱那些死亡能触及之物，

却是件神圣的事。

若说这第一道门是我们每个人都熟知的，那么第二道门则令人惊讶，"爱无法抵达之处"。在我看来，韦勒的这一原创观点十分重要。他写道：

> 人们内心的这些角落被羞耻包裹着，并被放逐到了生命的边缘……这些被忽视的灵魂碎片身陷绝望……不管面对什么样的丧失，哀伤都是一种再正常不过的反应，然而，"如果我们觉得某件事物没有价值，就无法为其感到哀伤"。

哀伤的第三道门是"世界的悲伤"，相比第二道门，它看起来不再那么陌生了。在公共福祉癌症帮助计划中，我们要求病人填写自己在确诊癌症前所经历的重大丧失。令人惊讶的是，有相当多的人认为，这个世界上正在发生的事情所带来的哀伤，对他们有着长久的影响。没错,为世界上的苦难感到哀伤一直都是人类的基本困境。佛陀说的第一个圣谛就是"苦谛",如何面对苦难是所有伟大宗教和经典哲学的核心主题。

韦勒问道:"在这个世界上,不断积累的哀伤令人喘不过气……我们该怎么直面生物圈所遭受的无尽攻击呢?"接着,他引用了内奥米·希哈布·奈(Naomi Shihab Nye)的优美诗句:

> 在察觉到内心最深处栖居着仁慈之前,
> 你必须了解,那里也是悲伤的家园。
> 你要带着悲伤醒来。
> 去讲述悲伤的语言,
> 直到你的声音将悲伤穿成线,
> 编织出它的完整模样。

韦勒笔下的第四道门是"那些落空的期待"。在我看来,这依然是一个独到的观察。

> 我们骨子里有一种深藏的直觉,觉得自己是带着一定的天赋来到这个世界上的,是要为社区做贡献的……从某种意义上说,这是一种"精神上的就业"(spiritual employment)……这道门背后隐藏着一种丧失:我们越来越难以感知到真实的自己。

韦勒将第五道门称为"祖先的哀伤"。他说：

> 祖先所经历的悲伤在我们身上依然存在……照顾好祖先未曾消化的哀伤，不仅能使我们过好自己的生活，还能缓解另一个世界中祖先的苦难。

通过这些门，我们看到了悲伤在生活中展现出的种种面貌。因此，在经历每个人都终将面临的丧失时，我们就能心怀敬意地去疗愈。韦勒的厉害之处在于，将灵魂和社区带入对它们感到恐惧或将它们拒之门外的地方，使我们从此不必再孤独地经历丧失。公共福祉癌症帮助计划的发起正是基于这一深刻真理：我们能够在集体中得到疗愈。

无论身处悲伤之旅的哪个阶段，韦勒都是一个值得信赖的同伴。毕竟，如果我们无法通过重大的丧失发现那些超越丧失的价值，就太可惜了。为此，韦勒引用了伟大的自然主义者和散文家特里·坦佩斯特·威廉姆斯（Terry Tempest Williams）所道出的真理："哀伤让我们再次拥有爱的勇气。"

迈克尔·勒纳（Michael Lerner）[1]

---

[1] 迈克尔·勒纳是公共福祉（Commonweal）组织的创始人和主席。位于加利福尼亚州波利纳斯市的公共福祉组织成立于1976年，在健康与治愈、教育与艺术以及环境与正义等不同领域开展了多种活动项目。此外，他还是公共福祉癌症帮助计划、健康与环境合作组织（the Collaborative on Health and the Environment）和公共福祉新学院（The New School at Commonweal）的联合创始人。

自　序

哀伤和丧失能够触动每一个人。当我们相聚在社区中举办哀伤仪式时，悲伤的众多支流便汇入了房间。它们在四周流转，触动着仪式中的每一个成员。在这里，丧失以各种面貌被命名：伴侣、孩子或婚姻的死亡；父母或兄弟姐妹的自杀；癌症及其对生命的贪婪侵食；因房屋止赎而失去的家；充斥着酗酒、暴力和忽视的破碎童年；战争给士兵们带来的永久伤疤；使人抑郁和虚弱的慢性疾病；被成瘾夺走的生命；这个苦难的世界里所充斥的悲伤。在分享接近尾声时，大家愈发清晰地意识到这些都是我们共同的悲伤。自从踏入这个疗愈之地后，我们便共同举杯，直至饮尽悲伤。

在人类历史的长河中，哀伤主要来自我们所爱之人的死亡。每种文化都创造出了一些仪式来应对谜一般的死亡，并感受那随着爱人消逝而降临的悲伤之雨。然而，现如今，丧失的源头变得更加多样，所以，在应对错综复杂的悲伤之网时，我们可能会感到不知所措。这些丧失不断地闯入我们的生活，使我们在个体及集体、私密及公共层面感受到丧失的存在。我逐渐意识到，我们所承受的许多哀伤并非独属于某人或源自某人的个人经历。相反，哀伤来自更广阔的空间，它在生活中流转，悄无声息地触及我们的灵魂深处。这些"哀伤之门"揭示了时代现实,即"一切都相互渗透":我们不是被隔绝开来的孤立细胞,我们拥有半透膜,能够与伟大的生命之躯进行持续的交换。无论意识层面能否觉察到,心灵一直都知道,我们拥有共同的悲伤。学会欢迎、承载并转化这些悲伤是持续一生的工作,也是本书的重点。

悲伤帮我们记起地球各地原住民早已拥有的直觉:我们的生活与彼此,与动物、植物、水域及土壤密切相关。在过去的几个世纪里,我们总是觉得内在生活与周围的世界之间存在某种割裂。然而,正如原型心理学家詹姆斯·希尔曼(James Hillman)所说,心灵并不局限在内心深处;在过去的几百年中,地球自身的哀伤和苦难早已凸显出心灵与广阔世界的交叠[①]。如今,个体所经历的丧失和苦难与死去的珊瑚礁、融化的极地冰盖、消逝的语言、民主的崩塌以及文明的衰落息息相关。个人与地球密不可分,我们的疗愈也与地球的疗愈紧密相连。丧失通过一种强力的炼金术将我们凝聚在一起,证实了心与万物的亲密无间。失去所爱的人或物使我们踏入了共同哀伤的庇护所。哀伤与爱像一对姐妹,从始至终都紧密地交织在一起。它们的亲缘关系提醒我们,没有不包含丧失的爱;而每一次丧失也提醒着我们,要铭记自己曾经拥有的爱。无论是独自面对还是共同经历,死亡与丧失都影响着每一个人。

[①] James Hillman´s thoughts on the soul of the world revealing itself through symptoms comes from his book *The Thought of the Heart and the Soul of the World* (Dallas: Spring Publications, 1981).

自1997年开始带领哀伤仪式以来，我观察到了巨大的变化。那时，人们还不太愿意聚在一起表达哀伤，所以我必须耐心地让大家相信，像村落一样聚在一起关照我们的哀伤是很有价值的一件事。然而，当今这个时代的文化结构中存在着巨大的撕裂，生态系统的崩溃引发了持续的危机，生命本身的确定性延续也不复存在，于是，我们对死亡、丧失和哀伤的集体否认开始被打破。不断积累的丧失正在对心灵施压，迫使我们去面对包裹着这个世界的种种悲伤。集体否认中出现了一道裂缝，这反而使我看到了这个星球的希望。因为，人们开始意识到，在文化和生态系统中存在着更大范围的丧失。除了个人的伤痛和丧失外，我们还听到了地球的呼唤，她需要我们的关爱与行动。我们能在自己的身体中感受到地球的悲伤，也能在心灵中感知到这种悲伤，甚至能在梦境中瞥见这种悲伤。个人与地球的丧失紧密交织，使许多人感到迷茫、焦虑，最终为此心碎。

破碎的心赋予我们更加广泛的身份认同，使我们能够透视那些将自我与世界分隔开的屏障。悲伤让我们开启了更具包容性的对话——孤单的个人生活与世界之魂的对话。我们开始懂得，宇宙中不存在孤立的自我，我们是相互缠绕的关系网中的一分子，在这里，光线、空气、引力、思想、色彩和声音不断交织，谱写着属于所有生命的优雅舞曲。正是因为心变得破碎，鲑鱼在水面下"滑出"的微光、雨燕在天空中画出的弧线、莫扎特所创造的音乐奇迹以及日出所绽放的迷人色彩才能照进心的裂缝，直抵内心深处。

然而，我们生活在一个恐惧哀伤和否认死亡的社会中。因此，哀伤和死亡被贬低到心理学家荣格（Carl Jung）所说的"阴影"（shadow）中。阴影储存了所有被压抑和否定的生活侧面。我们将自身接受不了的那部分送入阴影，希望能与其断绝关系，以为这样做就不用被迫面对自己不喜欢的事物了。文化也将心灵生活送入阴影，人们拒绝承认哀伤和死亡，因此，我们的文化被死亡侵蚀得千疮百孔。荣格还观察到了一个更加令人不安的现象——被藏到阴影里的事物并不会安分地等着被认领和赎回，它会发生退化，变得更加原始。因此，通过校园枪击、自杀、谋杀、吸毒过量、帮派暴力，或者被冠以正义之名的战争，死亡每天都在街道上回响。这个充斥着死亡阴影的社会给人们留下了累累伤痕，许多人背负着这些伤痕，在生活中跌跌撞撞地前行。不幸的是，死亡的触角远远伸出了城市的街道。山坡上的树木被剥去，令无数曾栖居在树冠上、溪水旁和灌木丛中的其他生物无家可归。为了煤炭和矿石，大山被摧毁。为了开采海洋，鱼类被掏空。那些通过牙齿、利爪和腹部与地球直接对话的生物，因为人们对商场或住宅的需求而被推土机铲除。死亡渗透了我们的文化，我们既无法扼制它，也很难真正认可它。通过载满武器的舰队、污染水域的化学物质，以及对暴政的支持，我们将死亡体系出口到其他国家。还有更多的人被投机者的贪婪欲望所驱使，为了石油和其他宝贵资源去掠夺原住民的土地，而这一切都是在我们的置若罔闻中发生的。

将哀伤与死亡从阴影中带出来是心灵的责任，也是人类的神圣职责。通过这样做，我们或许能够重新感受到对生命的渴望，记起我们是谁、我们的归属在何方，以及什么才是神圣的。

驱使我写作此书的原因有很多，其中最主要的一个目的是为了在哀伤工作中让灵魂归位，并在灵魂工作中让哀伤归位。我深刻地感受到哀伤已被临床世界所殖民，被诊断和药物体系所挟持。一般来说，哀伤并不是一个需要被解决的问题，也不是一种需要被药物治疗的疾病，而是一个与人的本质深刻地相遇的过程。当我们缺乏处理哀伤所需的条件时，哀伤就会变成一种麻烦。比如，当我们被迫独自承受悲伤时，或者当我们没能充分"代谢"丧失所带来的营养，却被迫过早地回归"正常"状态时。我们总是被要求忘掉过去并继续前进。对哀伤缺乏礼貌和慈悲的现象令人感到震惊——哀伤是一种基本的人类体验，然而，人们却普遍对它感到恐惧和缺乏信任。因此，我们必须重建哀伤的疗愈之地。我们必须再次找到勇气，走到哀伤的边缘。

哀伤总是以某种方式伴随着我们。有时候，悲伤的感觉是极其强烈的：伴侣去世、家园在火灾中化为灰烬、婚姻解体以及我们变成孤单一人。在这些情感充沛的时刻，我们需要额外长的时间来尊重灵魂的需求，去彻底消化这份哀伤。悲伤是"活着"这首歌中的一个恒久的音符。作为人类，我们注定会在悲伤的各种形式中认识它。这不应该被视为一个令人沮丧的事实，因为承认这一现实能够使我们找到隐藏在悲伤之中的美好——处于丧失与领悟之间的临界点上时，生命才最为鲜活，每一次丧失都会为新的不期而遇铺开道路。

反过来，通过在灵魂工作中让哀伤归位，我们便不再执着于"情绪改善"这种片面而单一的追求。希尔曼说过,"心理道德主义"(psychological moralism)给人们带来了巨大的压力,它要求我们一直进步、始终感觉良好,并努力克服和超越我们所遇到的困难[①]。快乐已成为新的教义,每当不够快乐的时候,我们都倾向于认为这是自己的错。这种教义迫使悲伤、痛苦、恐惧、缺点和脆弱进入地下世界,躲在羞耻的外衣下,溃烂而扭曲地进行自我表达。我在临床工作中观察到,人们经常因为自己感到悲伤或者流下了眼泪而道歉。

我倡导的灵魂心理学认为,无论当下的生活给我们带来了什么,我们都能在所有的情绪里感受到生命力。生命中有快乐的时刻,这当然是值得庆祝的。可是,我们同样会经历悲伤与孤独。情绪会突然袭来,意外会悄然发生,愤慨和怒火也会在不经意间被点燃。实际上,希尔曼曾指出,能够感到愤怒意味着我们的灵魂是清醒的。每一种情绪和体验都蕴含着生命力,这就是我们的工作:"活着,并且善待来到家门口的所有客人。"如此一来,幸福就变成反映我们承受复杂性和矛盾性、保持流动性,以及接受包括悲伤在内的所有事物的能力。

我写这本书的另一个目的是为了应对西方文明的两大原罪:失忆症(amnesia)和感觉缺失症(anesthesia)——人们会遗忘,也会逐渐麻木。这两大罪恶造成了普遍而惊人的悲伤。当我们迷失在

[①] James Hillman addressed his concerns regarding "psychological moralism" in a series of talks at Pacifica Graduate Institute. The program was called "The Art, Practice and Philosophy of Psychotherapy" and was recorded between June 29 and July 1, 2007.

作家丹尼尔·奎因（Daniel Quinn）所描述的"巨大的遗忘"（The Great Forgetting）中时，就会忽视我们所归属的那些更广阔的纽带。我们忘记了，所有人都在这张生命之网中缠绕着，也都呼吸着同样的空气。我们拥有同样的水和土壤，世间万物都在生命的无缝网络中紧密相连。当我们遗忘时，就会对水域、彼此以及整个地球造成难以言喻的伤害。

当今这个科技社会已经不记得沉浸在一种"鲜活的文化"中是什么感觉了。那些有着丰富的故事和传统、仪式和指导，能帮助我们成为真正的人类的鲜活文化，早已离我们远去。我们生活在一个对灵魂漠不关心的社会。因此，我们需要阅读与哀伤、关系、性、游戏以及创造力有关的书籍，参加相关的工作坊。这些都是巨大的丧失所表现出来的症状。我们忘记了"灵魂的公共领域"——那些数万年来一直在支撑和滋养社区及个体的"基本满足"（primary satisfaction）①。一种离奇而狂热的"谋生"执念——我们这个世界中最粗鄙的现象之一——取代了灵魂的芬芳与活力。我们将生命的仪式

---

① 基本满足指的是生活的基础，是关乎人们幸福的基本事项：如何欢迎我们的孩子来到这个世界；如何表达感恩；如何帮助青少年顺利度过青春期的急流进入成年；如何共同去体验哀伤；如何滋养这个世界并使之焕然一新。这些事项涉及如何确保在彼此身上体会到足够的归属感，以及如何与内在和外在世界保持密切联系。当这些基本事项得到满足时，我们不仅能在身体层面感到轻松自在，还能与这个世界中的其他人保持连接，并且感受到所有生命都是相互交融的。这些不可或缺的需求便是我们的基本满足。它们是不可否认，也无法辩驳的心灵需求，是我们这个物种在漫长的进化过程中所确立的基本需求。它们深深地刻在我们的存在中，等待着有朝一日被满足。

变成了例行公事地活着,这实在令人感到遗憾。这种遗忘使我们的人生体验大大地缩水,使我们的人生故事单薄得只剩下一个中心点。我们的存在已经不再辽阔,我们与这个世界之间的微妙引力也已被削弱。这一切多么令人心碎啊!

奥地利哲学家维特根斯坦写道:"对不可说的,我们必须报以沉默。"[①] 我们忘记了哀伤的原初语言,因此对我们来说,悲伤的领域变得陌生而疏远。当悲伤临近时,我们感到困惑、害怕和迷失。维特根斯坦所说的令人不安的"沉默"像雾一样萦绕在我们的生活中,使我们无法触及更加辽阔的人类经验。当我们的哀伤无法被言说时,它就坠入阴影,以症状的形式重现——抑郁、焦虑和孤独。我们被各种令人上瘾的事物拖累,气喘吁吁地前行,试图跟上文化机器的步伐。

更令人感到悲哀的是,我们采取了各种各样的策略来麻痹自己。为了保持感官的迟钝并使之分心,整个相关行业应运而生。之所以需要麻痹自己,是因为我们对社会所提供的贫乏的生存状态感到不满,这本身就是一种深刻的哀伤。我们正因诗人威廉·布莱克所形容的"不够神圣"的生活而承受着苦难。灵魂知道,我们生来就要过一种更宏大、更具感官体验、更富有想象力的生活。但是,我们却经年累月地远离美、远离大自然,或者只与它们产生一些微小的交集,并且偶尔才与朋友分享一些亲密的时刻。人们合谋着变得越

[①] 引自维特根斯坦《逻辑哲学论》,黄敏译,中国华侨出版社,2021.6。
——译者注

来越麻木,通过酒精、药物、消费、电视娱乐和工作等手段遁入虚无,抵御那些直击内心的空虚感。

这样的生活充斥着毫无意义的日常以及"第二杯半价"所带来的次等满足,但是,我们并非生来就注定要过这种浅薄的生活。我们继承了神奇的血统——人类的生命记忆是与野牛、瞪羚、乌鸦和夜空紧密相连的。我们生来就注定以好奇心和敬畏心面对人生,而不是在屈从和忍耐中虚耗一生。哀伤和悲伤的核心就在于此。全心全意地投入生活是我们与生俱来的梦想,但这一梦想经常被我们遗忘和忽视,进而被一种对生产力和物质收益的虚幻追求所取代。难怪我们总是寻求分心。我们所承载的每一份悲伤都源于我们没能全心全意地投入这"独一无二的、野性而珍贵的生活"①。这反过来导致我们的悲伤变得更加难以"代谢"。哀伤工作为我们提供了一条通往生命力的道路,这正是我们与生俱来的权利。当我们充分尊重丧失时,内心深处的喜悦将雀跃着来到这个闪闪发光的世界。

最后,本书也是一份祈求,是代表我们深爱的地球所发出的恳求。随着地球的生命系统持续地呈现出压力和衰退的迹象,我们感受到了愈加深刻的丧失感。这种痛苦无比强烈且几乎难以忍受。为了我们的社区,为了鲑鱼、鱼鹰、帝王蝶、灰熊,也为了我们的后代,我写下了这本书。因此,本书是一种纪念。希望通过这本书,我们能够重新唤醒人类与动物、植物、森林、云朵以及山川河流之间的

---

① Mary Oliver, "The Summer's Day," in *New and Selected Poems* (Boston: Beacon, 1992), 94.

永恒连接。本书更是对现状的抗议，它试图让我们重返充满连接、亲密、感受和敬畏的生活。它还是一份邀请，邀请我们激发自己的生命力，回到生活本身。而这一切，都仰赖让哀伤归位。

我们每个人都必须接受悲伤的学徒训练，去学习哀伤的技艺，借由哀伤变得成熟和深刻。虽然哀伤是一种强烈的情感，但它也是我们通过丧失发展出来的一种技能。直面哀伤是一项艰难的工作。正如佩玛·丘卓（Pema Chödrön）所说，直面哀伤需要"菩提心激发出的无畏的勇气"[1]。面对惊人的丧失需要惊人的勇气，这正是我们被召唤去做的事情。任何丧失，无论是极度个人的丧失，还是那些在更广阔的世界中萦绕着我们的丧失，都在召唤我们全心全意地生活，因为勇气的意义就在于此。尊重我们的哀伤，在这个疯狂的世界中给予它空间和时间，就是履行与灵魂的约定——欢迎一切如其所是，从而为我们最真实的生活提供空间。

有大量证据显示，尽管哀伤是一种难以处理的情绪，我们仍然要勇于直面哀伤。成为悲伤的学徒，我们就有机会练习如何在强烈的哀伤情绪涌现时保持临在。通过举行有意义的仪式、构建朋友社群、在孤独中善待自己，以及借助一些练习来拓展更广阔的自我，我们就有机会与丧失发展出一种鲜活的关系。我们可以重新找回对哀伤的信念，认识到哀伤的目的不是挟持我们，而是以某种根本的方式重塑我们，帮助我们成长为成熟的自己，从而使得我们能够在哀伤

---

[1] 引自佩玛·丘卓《生命不再等待》，雷叔云译，陕西师范大学出版社，2010.1。——译者注

与感恩之间的创造性张力中享受生活。通过这样做,我们的心灵会逐渐变得成熟,能够做好充足的准备去热爱生活,热爱这个美好的世界。我认为,这是一种灵魂的行动主义(soul activism)。

哀伤能够帮助我们发现自己与生活、他人以及灵魂的亲密无间,并保持这种亲密无间。愿你能在字里行间为自己的灵魂找到滋养,与生命的源泉保持连接。

弗朗西斯·韦勒

加利福尼亚州福雷斯特维尔

俄罗斯河流域

第一章

成为悲伤的学徒

哀伤让我们再次拥有爱的勇气。

——特里·坦佩斯特·威廉姆斯

这是一本关于哀伤的书，书中描绘了哀伤的各种情绪与动态、形状与质地。悲伤在灵魂中雕刻出河床，在生活中流入流出，把人们变得更加深刻。丧失的起起落落令人感到似曾相识，它带我们向下穿透生活的表层，并以炼金术般的方式影响着我们。在哀伤中，我们被重塑，被拆分重组。这项工作是艰难、痛苦且不由自主的。没有人会刻意寻找丧失；相反，是丧失找到并提醒我们，生命只不过是一份转瞬即逝的礼物。

我不知道自己如何或何时成了悲伤的学徒。但我确定，这一学徒经历使我得以重返这个生机盎然的世界。渡过哀伤的黑暗水域，我终于能够为自己的丧失流下眼泪，从而触摸到那些我虽然经历过却没能真正体验过的人生。哀伤引领我回到了一个鲜活而精彩的世界，它与生命力之间有着某种奇异的密切关系——看似无法承受的事物却与最精致生动的事物进行着神圣的交换。渐渐地，我对哀伤产生了坚定不移的信念。

本书还与恢复"世界的灵魂"[1]有关。将灵魂带回世界意味着通过更深刻的想象力来感知这个世界，体验我们与周围一切的亲密关

---

[1] "世界的灵魂"指的是在许多传统文化中所存在的一种信仰或观点。它认为这个世界是有生命的、充满灵魂的。在这种理解中，万事万物都拥有灵魂，并且因此具有值得尊重的内在实质。这种看待世界的方式使我们与地球这个有机体建立了亲密的联系，进而支持了基于尊重、克制和保护的伦理观。

联，包括雀鸟与蜻蜓、小溪与森林、邻里与朋友。万物皆有灵。然而，短视的我们只关注单一维度的"人类事物"，将这个世界视为可以被控制、操纵和消费的物件。地球本身就是一个启示，因为它每天都在以各种惊人的美丽与苦难向人们展示自己。我们需要用一种开放和脆弱的态度，去拥抱这个世界的欢乐和悲伤。我们的心灵要与这个鲜活的世界协调一致，并与万物进行持续的交流，这样才能真正领会这片土地的美丽，并看到她皮肤上的巨大裂痕。当我们关注大自然的节奏，用时间和注意力滋养友谊，并且每天都积极地修复世界的时候，灵魂就能回到这个世界。我们能在多大程度上做到这一切，将直接决定人类的集体命运和整个地球的未来。

作为一名心理咨询师，我拥有超过 30 年的临床以及工作坊经验。我深知，哀伤是一种能够触动每个人的情感。哀伤是多种多样的。比如，它可能是我们曾经逃避，却最终允许自己去感受的我们没有选择的人生带来的哀伤。也可能是早年发生的，当时尚未准备好去面对的丧失带来的哀伤。哀伤还可能来自关系破裂、友谊消逝、遭受暴力和被抛弃，甚至也可能源自地球的苦难。

2010 年春天，当深水地平线钻井平台发生爆炸并导致漏油事故时，我们陷入一种难以言喻的哀伤。新闻图片每天都展示着浸在石油中的海洋生物——鹈鹕、海龟、海豚，它们的悲惨遭遇冲击着我们的意识，令我们无法视而不见。连着好几个月，我们目睹石油涌入墨西哥湾，流向白色的沙滩和沼泽地——我们共同体验了一种痛彻灵魂的哀伤。这一事件似乎不可逆转地改变了某些事情。科学家警告说，泄漏的影响将持续多年，甚至会使墨西哥湾的生态发生永久性的改变。我们在目瞪口呆和难以置信中注视着这一切。我们的心碎了。

那段日子里，我常常在深夜惊醒，感知到那些垂死的生灵并为之哭泣。我相信，这不仅仅是发生在别处的"远在天边"的事，它同时也发生在我的身体与心灵中。泄漏的石油仿佛也把我的一部分摧毁了，随着水流涌出的毒素令我感到窒息。这一切与我和墨西哥湾之间的物理距离无关。我和许多人一样，在自己的灵魂中实时亲历了这一切。

7月15日，油井被封堵了。不久之后，公众的注意力就逐渐从墨西哥湾移开了。我们被告知，那里的水质良好，一切都在恢复正常，人们很快便能再次享用鱼和虾。我们慢慢地回到了否认中，远离了那可怕的事实——从油井深处泄漏的石油依然影响着整个食物链，从浮游生物到鲸鱼无一幸免。电视和广播上的报道也迅速消失不见。除了那些生活在灾难现场附近的生命（鸟类、海洋生物和人类），没有人再关心石油泄漏事故了。显然，比起专注和哀伤，人们更容易被分心。我想起了诗人里尔克的一句诗："对于哀伤我知之甚少，这巨大的黑暗令我感到渺小。"[1] 这首诗作于1904年，然而，自那以后，我们对哀伤的了解似乎未见长进，因此，这黑暗也令我们感到渺小。

该如何学习承受哀伤，而不是陷入崩溃或逃离现实？该如何认

---

[1] Rilke, "It's Possible," in *Selected Works of Rainer Maria Rilke*, trans. Robert Bly (New York: Harper and Row, 1981).

识到哀伤的必要性和重要性，而不是将其视为不得不忍受的痛苦？为了实现这种转变，我们需要重新审视哀伤，将它看作贯穿我们整个生命的持续对话，而不仅仅是一个事件、一个哀悼的阶段。哀伤和丧失始终伴随着我们，塑造着我们的生活节奏，从某种意义上说，它们决定了我们该如何充分地参与生活。随着视角的改变，我们会逐渐进入一个长期的学习过程，去了解如何面对风格各异的哀伤。本质上，我们要成为悲伤的学徒。

成为悲伤的学徒后，我们将慢慢地走向丧失的核心。灵魂召唤我们不断地朝此努力，从而在这个过程中被重塑。作为悲伤的学徒，我们要亲身实践，直面哀伤的具体模样，与它的沉重和忧郁打交道。其实，从以上寥寥数语中，我们便能体会到这种学徒经历是如何引导我们来到地下，走进阴影，踏入被遗忘的祖先的长廊。在这里，我们找到了七零八落的碎片——被忽略的哀伤、未曾为之哭泣过的丧失以及被扫到角落的旧伤口。

在学徒生涯中，我们被邀请参加哀伤的仪式，并练习用一种尊重的态度对待哀伤以及万事万物。提出这一观点的爱尔兰诗人、哲学家约翰·奥多诺霍（John O'Donohue）写道："我们能够遇到、认识或发现什么，很大程度上取决于我们是如何对待万事万物的……当我们用尊重的态度对待它们时，伟大的事物就会向我们靠近。"[1]

---

[1] John O'Donohue's elegant phrase regarding an "approach of reverence" comes from his book *Beauty: The Invisible Embrace* (New York: HarperCollins, 2004). It is also found on his website, at www.johnodonohue.com/reverent-approach.

我们如何对待悲伤，深刻地影响着悲伤如何回馈我们。我们常常与哀伤保持距离，希望避免与这种富有挑战性的情感纠缠不清，这导致我们感到疏离、脱节和冷漠。但在其他时候，我们与自身所感受到的哀伤之间没有空隙。于是，我们被悲伤的潮水卷走，几乎在悲伤的海洋中溺水。如果我们以一种尊重的态度接近哀伤，就能以更加成熟和灵活的方式进行应对。当我们带着尊重来到哀伤面前时，便会发现，自己与悲伤保持着"恰到好处"的关系——既不是太远，也不是太近。在我们与这个麻烦而又神圣的访客之间，已经开启了一段持续的对话。学徒生涯的首要任务，便是学会如何与我们的哀伤同在，并且温暖地拥抱哀伤。

然而，要想直面哀伤，需要巨大的心理力量。为了能够忍受哀伤所带来的画面、情绪、记忆和梦境等严酷考验，我们需要加固自己的内在地基。只要我们坚持不懈地努力，就能通过发展任何一种练习——写作、绘画、冥想、祈祷、舞蹈等——加固好自己的内在地基。这些练习为我们提供了定海神针，能够帮助我们在困难时期保持稳定，抱持与丧失有关的脆弱情绪而不被其吞没。哀伤工作不是被动的：它意味着要持续地练习关注与倾听，并且不断地深化自己对事物的理解。这是一种根植于爱与慈悲的坚定付出。（关于如何培养慈悲，请参考本书末尾所列的资源。）

在学徒生涯中需要发展的基本技能之一，就是当哀伤出现时保持成人自我（adult selves）临在的能力。在心理咨询以及工作坊中，我经常目睹，当哀伤的情绪浮现时，个体可能会退回到一种近似儿童的状态,在突然间感到恐慌、不知所措、绝望、孤独和羞愧。当悲伤临近时,人们的确可能会滑入另一种存在模式,其视角、感受和行为也随之发生根本性的改变。因此,帮助他们恢复与成人自我的联系非常重要,否则,他们便会在解离状态越陷越深甚至迷失自我。

这种儿童般的状态便是荣格所说的情结(complex)。情结是在过于强烈且难以消化的体验中形成的,是一束高浓度的情感能量所撒下的碎片。在这些时刻,心灵会将难以处理的材料分裂出去,并创建一个自治的、半独立的包裹来容纳这些情感浓度极高的材料。心灵的这一机制令人叹为观止,拥有它是我们的幸运——在这些动荡的时刻,我们无须承受全部重量,从而能够保留某种程度的控制。想想看,那些经历过残暴的战争、毁天灭地的龙卷风,或者遭受强奸和猥亵的人们。创伤导致了情结的形成,它是创伤后应激障碍症的一个主要组成部分。我们的心灵在遭受创伤的那一刻解离,暂时将这些讨人厌的材料从意识中分裂出去。

很多人的丧失并未得到周围人的充分涵容,因而情绪也无法得到足够的调谐(attunement)。调谐是创伤治疗师常用的术语,指的是一种由我们所爱之人和信赖之人给予的富含情感的关注。这种特殊的深度关注使痛苦变得能够承受,于是我们感到被抱持和心安。在经历丧失和哀伤时,如果缺乏一个安全和滋养的环境,就会加剧情结的形成。如果来自父母和社区的外部涵容过于匮乏,心灵为了避免受到直接的伤害,就会分裂掉那些过载的情绪。故事到这里并没有结束。情结会一次又一次地回来,仿佛试图重新融入我们的意识。当情结出现时,我们会被带离当下,回到遭受创伤的时刻。当初,为了保护自己,我们与自身的某些部分进行了切割。现在,为了疗愈,我们必须重新连接那些部分。换言之,我们必须直面并调和情结中的情绪元素。否则,根据荣格的说法,情结将"干扰我们的意志,扰乱意识的表达"[1]。这句话揭示了直面自己的处境、克服困难并调和情结的必要性。(关于如何面对情结,请参考本书末尾所列的资源。)

在成为悲伤的学徒时,有一些核心任务:与哀伤建立关系,学会在逆境中维持心灵的稳定,保持成人自我的临在。在走向成熟的必经之路上,到处都是这样的挑战。用传统的学徒语言来说,这是迈向"精通"的旅程。而在灵魂的语言中,这是成为"长者"的过程。长者懂得如何巧妙地触碰哀伤,并将其转化为对集体的滋养。正如哀伤专家斯蒂芬·詹金森(Stephen Jenkinson)所言:"优雅地驾驭自己的悲伤吧,周围的人都将因此而得到滋养。"[2] 若能娴熟地驾驭哀伤,我们便能为更广阔的集体带来慰藉与稳定。

所有成熟的文化都会引导人们成为悲伤的学徒。这是为了帮助我们认识到宇宙赋予我们的一切,感谢它日复一日地供养我们。这些文化尊重这一真理,并在此基础上发展出一些仪式和教导。比如,美洲印第安人通过在"汗屋"(sweat lodges)中进行汗蒸来获得身

---

[1] Jung´s thoughts on the complex are found in his essay "A Review of the Complex Theory," in *The Collected Works of C. G. Jung*, volume 8, trans. R. F. C. Hull (London: Routledge and Kegan Paul, 1960), par. 253.
[2] Stephen Jenkinson, *The Haiku Sessions*, 2012, DVD, http://orphanwisdom.com/shop/haiku.

体和精神的净化与治疗，许多文化中也都有特定的转化仪式（initiation）①来表达谦卑。这些仪式使人们意识到自己生活在一个神圣的宇宙中，生命之间是相互依存的。我们无法逃避这一真理，所以更应该用一种成熟的忧郁情绪来面对它，并为此举行一些感恩的仪式。玛雅人说，人们因自身所得到的一切而背负着深重的精神债务，无法完全还清。他们认为，人们应该尽力以修辞和仪式之美来尊重这一债务。然而，我们的文化未能尊重这一债务，其后果正如我们所见——一个由于无尽欲望而迅速被掏空的世界。

与悲伤工作，就是与灵魂工作。我们要怀揣勇气直面世界的本来面目，而不是逃到舒适和麻木的洞穴里。哀伤加深了我们与灵魂的联系，带我们走进脆弱的疆域，直视自己在经历丧失和苦难时对他人的真切需求。每当有人冒险揭示自己内心深处那生动而赤裸的悲伤时，我都会为之感动。

哀伤还揭示了一个不容否认的事实——我们与这个世界是紧密相连的。我们曾误以为自己与这个世界之间是隔绝的，这种幻觉在压倒性的苦难面前不堪一击。不管是墨西哥湾石油泄漏和世贸中心遇袭这样的悲剧事件，还是对本地社区的破坏，抑或是我们所热爱的土地遭受了某种形式的侵犯，这些悲剧都在提醒我们，我们与这个世界存在着密切的联系。面对上述挑战，哀伤提供了一种应对方

---

① 转化仪式，又被称为入门仪式、过渡仪式、启蒙仪式或成人仪式，是指某位成员被接纳到团体或社会中的仪式，也可指迎接某位成员正式成年的仪式。在更广泛的意义上，它也代表"重生"为新角色的过程。——译者注

式——它驱动着我们走近他人，走向关怀与拥抱。我们需要依靠哀伤来治愈这些创伤，去理解这个被颠倒的世界。铭记哀伤所代表的智慧，能让我们对灵魂深处的脉动保持信念。这是一条"通往深渊的道路"（via negativa），引领我们走向神话学家迈克尔·米德（Michael Meade）所说的"逆境中的智慧"[①]（dark wisdom）。如此一来，我们便不再畏惧这世间的挑战，而是坚信，那些源自生命深处的滚滚洪流能够引领我们穿越一切。

王尔德写道："哪里有悲伤，哪里就有圣所。"[②] 本书深入探讨了哀伤的圣所，描述了它如何支撑我们在这个充满丧失与死亡的世界中前行，如何触动我们的内心，并对灵魂深处的未知领域保持开放。哀伤提供了一种神奇的炼金术，能将苦难转化为沃土。悲伤使人们变得真实和具体，因为它给这个世界增添了实实在在的重量。尽管我们所处的文化总是狂热地追求"出类拔萃"，丧失和悲伤却能磨平我们试图呈现给世界的面具。就像曾经屹立在中美洲丛林中的巨大石雕已变得支离破碎一样，我们为彰显自己的重要性而竖立的纪念碑也已崩塌。在哀伤的时刻，我们被剥去那些多余的东西，呈现出身为人类的本来面目。哀伤使我们成熟，能够从我们的灵魂深处提取出最真实的自我。事实上，如果我们不对悲伤有所体会，便无法成为成熟的男人和女人。正是那颗经历过破碎、懂得悲伤的心，才

[①] 逆境中的智慧这一说法是由米德提出来的。它源自灵魂，源自深入身体和情感世界的体验。在灵魂与世界的深处，涌现出了来自逆境的真理。
[②] 引自王尔德《自深深处》，梁永安译，湖南文艺出版社，2019.9。——译者注

能够拥有最真挚的爱。深谙丧失的心能够识别出"一种更深刻的哀伤……一种存在于万物之心的哀愁"[①]，从而将我们与这个世界紧密相连。若是没有这种觉察，并且缺乏被生活塑造的意愿，我们将永远被困在费力不讨好的逃避策略中。

我是哀伤的倡导者。我清晰地看到了哀伤给我们带来的诸多好处。哀伤对我们提出了极高的要求，想要接纳哀伤并满足它的需求是一件相当困难的事情。但是，如果没有哀伤，我们将无法感受慈悲的力量、体验爱的广袤、享受愉悦的感觉，也无法赞颂这个世界的美好。哀伤为生命的每一刻都赋予了深邃的力量，从而培养并深化了以上每一种能力。哀伤是画布上的暗色调，为画面增添了深度、对比度和质感。没有这些色调，我们的生活将变得平淡无奇。与哀伤的相逢不可或缺，哀伤的这些至关重要的特质，能够在我们遭受丧失和悲伤时为我们提供进一步的支持。

我并不是要倡导一种沉溺于悲伤的生活方式。我想表达的是，如果不欢迎悲伤的到来，我们便无法投入地、有意识地去体验这些时刻，我们的生活也将因此被悲伤的阴影笼罩。我们面临的挑战是，如何全然地面对来到我们身边的一切。这正是充分活着的秘诀。

我将这项工作视为一种灵魂的行动主义，它深刻地反抗了社会让我们习以为常的那种脱节的生活方式。哀伤颠覆性地破坏了社会的默契——我们要表现得体并控制好自己的情绪。哀伤是一种抗议

[①] Robert Romanyshyn, *The Soul in Grief: Love, Death and Transformation* (Berkeley, CA: North Atlantic Books, 1999), 9.

行为，是向世界大声宣告：我们拒绝活得麻木和渺小。哀伤有种桀骜不驯的特质，它拒绝墨守成规，拒绝被文化束缚。因此，哀伤对于保持灵魂的活力是不可或缺的。与我们的恐惧相反，哀伤充满了生命力。它积聚着能量，要与另一个灵魂——无论是人类、动物、植物还是生态系统——发生情感交融。它不是某种死气沉沉或情感淡漠的状态。哀伤是鲜活的、野性的、原始的——它无法被驯化。它一直在抵抗，从不甘心保持被动和静止。当哀伤攫住我们时，我们便会以紧张、不安和躁动的方式前行。它的确是一种源自灵魂的情感。

我越来越清晰地看到，哀伤能够使我们直面生活、社区、生态，以及家庭和文化中正在发生的事情。一旦觉察到丧失的各个层次，我们便能真正地响应、保护和恢复受损害的事物。哀伤记录了万事万物遭遇的悲伤，这对我们的灵魂来说至关重要。通过亲近丧失，我们的心灵得以保持柔软、流动和敞开。

第二章

往返于灵魂的前厅

拥抱悲伤,灵魂也将得到滋养。

——荣格

我曾参与过一场哀伤仪式。大约30人相聚在同一屋檐下，在长达两天半的时间里，像翻动堆肥似的搅动和耕耘着悲伤。一开始，人们分享着有关丧失、死亡、虐待、无价值感和愤怒的故事。这些故事既感人又充满力量，常常令我们一同落泪。通过我的朋友金·斯坎伦设计的写作练习，我们深度体验了这一切。现在，我们已经做好了准备。是时候举行一场哀伤仪式了。在过去的几个小时里，我们一直在为这个空间做准备。我们打造了一个哀伤的祭坛，祭坛里摆放着各种照片和影像——祖先、已故挚友、已灭绝的物种以及消逝的文化——这个世界上正在不断累积的丧失。这个空间被冷杉的枝丫、缤纷的布条和灿烂的鲜花装点得异常美丽。当我们围成一个圆圈开始祈祷时，空气中弥漫着一种张力，每个人都意识到是时候开始了。

仪式迅速展开。在祈祷结束后鼓声和歌声响起的瞬间，一些参与者冲向了祭坛。他们的哀伤如满溢的杯中水一般倾泻而出。此刻，我们身处仪式的充分流动之中。渐渐地，祭坛周围聚满了形形色色的人。有人站在祭坛前，用强有力的手势高声表达着生命中的不幸。有人双手掩面跪在地上，身体随着悲伤战栗和起伏。悲伤一浪又一浪地袭来，有的人再也支撑不住自己的身体，只好蜷缩在地上。多么美妙的场景啊！没有什么比一个人的哀伤更为真切了。无须询问他人的感受，也不必对此有任何好奇，因为这一切都是显而易见的。

我们正在展露的是心碎，是几十年来一直肩负的悲伤。我们正在一片混沌之中释放眼泪。整个仪式持续了数小时，这个看似普通的夜晚因此变得无比神圣。

在祭坛前，没有人是孤独的。哀伤倾泻而出时，每个人都拥有他人的陪伴。这是一个不需要独自承受的时刻。陪伴者全身心地见证并支持着这一切。有时，支持可能仅仅意味着为他人提供一个可以深入内心的空间。有时，它意味着向某人伸出自己的双手，让他意识到自己并不孤单。陪伴者也可以成为一双臂膀，悲伤的人可以投入其中，释放自己最苦涩的眼泪。这一过程中所流露出的慈悲，是我们能够真正放下悲伤的关键所在。

随着仪式逐渐接近尾声，空气中的兴奋与疲惫也弥漫开来。维护灵魂是一项艰苦又必要的工作，因为它能使我们真正地投入到生活中。参与者们连着唱了数小时的歌，在仪式结束时，他们开始翩翩起舞。面庞被眼泪洗涤一新，散发出动人的光芒，整个房间也变得更加明亮了。参与者们的身体因为喜悦而感到轻盈——以神圣仪式为容器，一种不可思议的、悲喜交加的古老炼金术再次上演。

大家围成一圈，互相拥抱，为我们一同走过的旅程和完成的工作表达感激。这是茶歇的时刻。虽然暂时摆脱了哀伤的重负，但是大家心知肚明，明天，当我们回到日常生活后，新的哀伤又将开始积累。这是世间万物不变的法则。然而，我们知道，大家将在一年后（或许更早）再次相聚，这意味着我们不必长期独自承受这份负担。因此，我们的心灵得到了慰藉。

当来自远方的人们相聚在一起携手处理哀伤时，我通常会做这样的开场白："我们正在踏入一个新生的村落。"[1] 随着我们不断地分享，身处村落中的感觉不再仅仅是一种美好的愿望和渴求，而是变成了某种更加有形的东西。这些聚会提供了一些基本元素，一个鲜活的社区因此得以成形。这里的空间不仅有深度的倾听、尊重和关注，还有一个足够强大的容器，承载我们最深的痛苦和悲伤。在这里，我们以一种极为真实的方式，创造了一个器皿来承载我们共同的心灵苦难。这个空间让我们所有人都能勇敢地走到悲伤的悬崖边缘，与大家分享自己的哀伤。

在《强势回归》（*Bouncing Back*）中，心理治疗师、神经科学专家琳达·格雷厄姆（Linda Graham）揭示了"关系纽带和归属感如何滋养韧性"，描述了在面对压力和危机时，人际连接感如何帮助我们调节内在状态。她写道："当我们被一个调谐的、充满同理心的他人看见、理解和接纳时，会萌生出一种真正的自我接纳感，进而深刻地感受到自己的价值。这令我们感到足够安全、强大和笃定，从而有勇气去面对生活的挑战。"在这个充满孤独和隔离的时代，归属感变成了人们迫切需要的良药。事实上，归属感保护了我们的心灵，使我们在面对生活中诸多不可避免的挑战时免受伤害。

研究人员所做的一项纵向研究也从社区层面印证了这一真理。罗塞托（Roseto）小镇位于美国宾州，是一个意大利裔美国人聚居

---

[1] 感谢迈克尔·米德将新生的村落（sudden village）这一概念介绍给我。

的矿业社区。研究人员注意到，这里的心脏病发病率明显低于周围社区。然而，吸烟率、运动模式、饮食习惯、医疗服务可及性以及遗传因素都无法解释这种差异。通过对1935年至1985年间的死亡证明进行分析，研究人员发现，在最初的30年里，罗塞托小镇与周边社区在心脏病发病率上存在显著差异。然而，到了1960年代，随着新的文化思潮席卷整个美国，这个小社区里惯有的生活方式也开始发生改变。人们不再生活在多代同堂的大家庭中，不再共享生活、饮食、仪式和传统，转而搬到了郊区的独栋住宅。年轻人也纷纷离开家乡，前往大城市寻求新鲜感。人与人之间的纽带不再紧密，它对心脏的保护作用也随之下降。小镇的心脏病发病率开始上升，甚至超过了周边社区。曾经保护罗塞托居民免受心脏病侵袭的唯一因素便是"归属感"。由此，产生了"罗塞托效应"（Roseto Effect）这一说法。借由这一例子，我们也对"心碎"一词有了更深刻的理解。正如格雷厄姆所言，当我们与他人互相触摸和拥抱，或与一个关心我们的人交流时，身体会释放催产素——"爱的荷尔蒙"。真诚的社区关系有着治愈身体和灵魂的力量。

我们需要在生活中创造一个友善的环境，以便持续地融入世界，让哀伤在心灵和身体中自由流淌，从而品尝到生活的甘甜。现代心理学将此现象归纳为调谐与依恋这两个概念。这些术语虽然听起来抽象，并且带有强烈的临床色彩，但其实很好理解。它们强调了我们对身心接触的需求，这种身心接触能够帮助我们用善良和慈悲来应对困难和挑战，并庆祝生命中那些纯粹的快乐。我们需要通过这些体验来确认自己的重要性——我们是具体可感的存在,在这个世界上占据一席之地。意识到这一点,我们便能感觉到自己值得被深切和持久地关爱。同样,当别人经历悲伤与苦难时,我们也能以这样的关爱之心去支持他们。每个人,无论是什么样的人,都需要另一个人的温暖触摸。即便是内向的人,有时也需要朋友或伴侣的诚挚关怀,因为他们的倾听能够安抚我们最柔软的忧伤。

☆ ☆ ☆ ☆ ☆ ☆ ☆

关于哀伤,丹妮斯·莱维托芙(Denise Levertov)写过一首极具启发性的诗:

> 谈论悲伤
>
> 会对其产生作用
>
> 将其从蹲伏的地方移开
>
> 不再阻挡
>
> 通往灵魂前厅的必经之路。①

☆ ☆ ☆ ☆ ☆ ☆ ☆

---

① Denise Levertov, "To Speak", in *Selected Poems* (New York: New Directions, 2002), 65-66.

正是那些未曾表达的悲伤，以及深藏的、被忽视的关于丧失的故事，阻碍了我们与灵魂接触。为了能够自由地穿行于灵魂的内室，首先需要清理出一条道路来。因此，我们要寻找一些有意义的方式来表达悲伤。

哀伤是沉重的，甚至连"哀伤"这个词本身也寓意着沉重。哀伤（grief）一词源自拉丁词 gravis，意为"沉重"，而 grave（坟墓）、gravity（重力）和 gravid（怀孕）也来自这个词。我们用庄严（gravitas）一词形容一个人能够以庄重尊敬的态度来承担世界的重量。当我们学会庄重地承载哀伤时，我们就是庄严的。

有时候，哀伤会邀请我们进入一个极简的领域。在此，一切繁杂都被削减，我们被还原至最赤裸的自我。此时，哪怕只是迎接新的一天、完成最小的任务，或者应对他人的问候都成了巨大的挑战。我们感到自己与这个世界格格不入，只能勉力维持生活的基本需求——吃饭、睡觉和自我照顾。在强烈的哀伤中，某种不同寻常的存在接管了我们，使我们变得谦卑。生命是与大地相连的，所以，我们能够在自己的身体里深刻地感受到悲伤的重力。

重大丧失所引发的哀伤会改变我们的日常生活节奏。我们可能会进入一个被某些文化描述为"生活在灰烬中"的时期。在古斯堪的纳维亚文化中，经历丧失的人会围着长屋中心的火堆度日。哀伤似乎将他们带到了冥界，于是，他们在这个同时具有生理和心理功能的长屋住下，直到感觉自己已经完全穿越了冥界。灰烬象征着残留的事物，即最基本的、曾经存在过的事物。希尔曼写道："灰烬是终极的还原、赤裸的灵魂、最后的真理,而其他一切事物都已烟消云散。"[1] 在哀伤中,灵魂被还原,并被带往某个特定的地方。在那里,所有的其他想法或事物都消散成了灰烬。

这个沉浸在灰烬中的神圣时期,是古斯堪的纳维亚社区承认他们中的某个成员已经进入另一个世界的方式。这个世界也有着类似于采集食物、喂养孩子或者耕种田地的日常活动,但又相对独立。这个时期通常会持续一年甚至更久,在此期间,人们对这些成员的要求和期待很少。作为个体,他们的职责是负责哀悼,生活在丧失的灰烬中,并以神圣的态度对待这个时期的生活。这是一个沉思和深度内省的时期,用来消化和转化苦涩的丧失。这是一个超越时间的阶段,一段通往悲伤和虚空之地的冥界之旅。在灰烬中的体验能给人带来一些变化。从这次旅程归来的人,会因此而变得更加深刻。的确,真正经历哀悼的人,会带着庄重的态度和在黑暗中积累的智慧回归。这些女人和男人会成为我们之中的长者,在面临巨大的挑战时,他们能够支撑整个村庄。

让我们想象一下,对于经历丧失的个人来说,这个哀悼空间能起到什么作用。其实,它给了我们一个重要的许可,允许我们走进悲伤之地,与悲伤共处,探索其轮廓和质地,一点点地熟悉丧失的模样。当我们考虑专门花时间来感受哀伤时,大脑里的思绪可能会迅速反对:"你这是在放纵,这也太小题大做了吧。""你可能会被困

---

[1] James Hillman, *Alchemical Psychology*, Uniform Edition, vol. 5 (Putnam, CT: Spring, 2010), 23.

在那里。""到此为止就行了。"然而,事实是,这些文化实践是在好几个世纪的时间里逐渐发展而来的,它们旨在满足人类在哀伤时期的需求。为哀悼者提供一段专门的哀伤时间,是一种充满智慧的做法。比如,根据犹太习俗,丧亲者有一整年的时间来处理丧失。在美国文化中,丧亲者普遍穿着黑色衣服或佩戴黑色臂章以示哀悼,这是我们一直以来都有的传统。当我们作为一个社区来尊重这段生活在灰烬中的时间时,便与代表死亡和丧失的冥界建立了一种更加深入的关系。我们不仅因此与"丧失"建立了连接,也得以与这个"活着"的世界保持鲜活的联系:这两种状态是彼此的镜像,它们提醒人们,生命的伟大循环必然包含死亡的现实。

文化历史学家巴里·斯佩克特(Barry Spector)提醒道,在亲近的人去世后,人们需要情感上的闭合(closure)。他特别指出,仪式能够在很大程度上帮助我们达到这种状态。他写道:"在所有的过渡时期,'闭合'都是至关重要的。死亡发生后,生者与逝者都需要过渡仪式。完成过渡仪式……能够把活着的人带入生命的新阶段。然而,若是生者未被给予足够的时间去哀悼,**伤口便会过早地闭合,持续地感染,以致永远无法愈合。**"[①] 我们需要一个时间充足的哀悼期来照顾死者和生者,以便日后回到阳光下,恢复正常生活。如果没有足够的时间在灰烬中处理丧失,悲伤就会变异成抑郁、焦虑、

[①] Barry Spector, *Madness at the Gates of the City: The Myth of American Innocence* (Berkeley, CA: Regent Press, 1999), 415. 这本书通过神话的视角有力地剖析了西方文化。需要说明的是,上述引用的加粗部分是我自己的话。

麻木和绝望等症状。因此，我们必须尊重灵魂在哀伤时期的需求。

哀悼也与记忆以及对这些记忆和情感的见证有关。美国作家弗里曼·豪斯（Freeman House）说："在一种古老的语言里，'记忆'（memory）这个词源于一个意味着'用心'（mindful）的词；在另一种语言里，它源于用来描述'见证者'（witness）的词；而在第三种语言里，它意味着'哀悼'（grieve）。'用心见证'，就是为我们所失去的事物哀悼。"[1] 这正是哀伤的意义和目的。

哀伤不仅能帮我们意识到已经失去的事物，也能确保我们不会忘记那些必须被铭记的事物。世界各地都有各种各样的纪念碑，来提醒社区居民发生在人们身上的事件。这些地方成为哀悼和铭记的场所，比如伤膝河（wounded knee）[2]、卢旺达种族大屠杀纪念馆（Rwandan Genocide Memorial）、越南纪念碑（Vietnam Memorial）和大屠杀纪念馆（Holocaust Memorial）等。它们给哀悼赋予了具体的形式，提醒着我们共同拥有的丧失。哀伤并非一定要被解决或被搁置，有时候，哀伤能够帮助我们保存一个民族必须承载的事物，以免再次经历同样的伤痛。

心理学家玛丽·沃特金斯（Mary Watkins）和海伦·舒尔曼（Helene Shulman）在研究社会不公以及暴力问题时，探讨了"非救

---

[1] Freeman House, *Totem Salmon* (Boston: Beacon press, 1999), 201.
[2] 1890年12月29日，在位于美国南达科他州的伤膝河附近发生了著名的伤膝河大屠杀，又名"翁迪德尼之战"（Wounded Knee Massacre）。当时，美国第七兵团的骑兵对印第安苏族进行了惨无人道的大屠杀。这一事件也标志着印第安战争的结束。——译者注

赎式哀悼"（non-redemptive mourning）这一概念。非救赎式哀悼指出，有些丧失不应该像淤泥一样沉淀到记忆最深处。比如，一些永远被遗忘的文化、已经灭绝的物种，以及影响整个社区和文化的创伤事件，应该保留在我们共同的记忆里。在这些情况下，哀悼"并不意味着要结束过去并回归'正常生活'，而是为了防止过去逐渐消失在不断地否认它的现实中"[1]。

哀悼和记忆之间存在直接的关联。为了对抗当下这个时代广泛存在的遗忘症，我们必须勇敢地直视丧失，允许它在我们四周停留。或许，通过这种方式，我们便能够尊重这些丧失，去传承它们未完成的故事。这也反映了一个古老的观念——如何照顾逝者与如何照顾生者同样重要。在我们这个追求未来、急于遗忘的文化中，人们很容易忽视那些以各种形式和方式存在的祖先。然而，无论是在被重塑成建筑用地的橡树草原里，还是在被填埋成购物中心的沼泽地中，都有我们的祖先。逝者就在我们之中，不应该被忘却。

我的同事玛丽·戈梅斯（Mary Gomes）与他人合办了一场展览，他们将其命名为"灭绝的祭坛"（Altars of Extinction）。很多物种正不断地消失在我们的世界里，她试图通过这种努力，让人们铭记这些惊人的丧失。

"灭绝的祭坛"是一个艺术和纪念仪式，为我们提供

---

[1] Mary Watkins and Helene Shulman, *Toward Psychologies of Liberation* (Basingstoke, UK: Palgrave MacMillan, 2008), 122-23.

了一个机会来共同思考和哀悼在人类手中灭绝的植物、动物和真菌。可是，明明有那么多物种正濒临灭绝且急需保护，为什么还要费力建造灭绝物种的祭坛？原因是多种多样的：从非常实际的原因——通过了解灭绝，我们能更好地阻止进一步的丧失——到深层次的更具灵性和哲学性的原因。正如美国作家马克·杰罗姆·沃尔特斯（Mark Jerome Walters）所说："天地间的会话包含着万事万物，我们人类只是其中的一个参与者而已。每一次灭绝，都意味着某种独特的声音在这个世界中归于沉寂。当最后一只泽尔塞斯蓝蝴蝶（Xerces blue butterfly）的小小翅膀停止振动时，我们的世界变得更加寂静，天地间的色彩也变得更加沉闷……当人们将目光从一个刚刚灭绝的物种身上移开，转而试图拯救另一个物种时，很少有人会停下来说再见。"[1]

哀伤帮助我们确认这些丧失，并保留这些共同的痛苦记忆。

☆☆☆☆☆☆

没有人能够逃脱生活的苦难。丧失、疼痛、疾病和死亡的影响

---

[1] Mary Gomes, "Altars of Extinction: Honoring the Broken Circle of Life," Reclaiming Quarterly, www.reclaimingquaterly.org.

是任何人都无法避免的。那么，为什么人们对这些基本的经历普遍缺乏了解呢？为什么他们试图将哀伤与生活分开，只在哀伤显得最扎眼的时候——比如举行葬礼时——才勉强承认它的存在呢？正如作家史蒂芬·莱文（Stephen Levine）所说："如果远离喧嚣的痛苦发出了一种声音，那么这种声音会在整个天地之间回响。"①

在漫长的一生中，人们会经历拒绝和孤独，也有远离关爱的时刻。这些丧失一点点地积累起来，最终将我们压垮。这是一种存在于内心的痛苦，是一种微弱的回音，呼唤着我们回到那些经历丧失的时刻。回溯并非为了弥补过去的错误，而是为了承认发生在我们身上的事情。哀伤要求我们尊重丧失，由此来深化我们的慈悲。然而，当哀伤无法得到表达时，它会变得僵硬，变得坚如磐石。同样，我们也会变得僵化，进而失去与灵魂的同步。当我们能够拥抱所有的情感时，我们更像是动词而不是名词，更像是一种运动而不是一种静物。但是，当哀伤停滞不前时，我们会固守在原地，无法跟随生活的节奏起舞——哀伤是舞蹈的一部分。

当我们开始留意哀伤时，会发现它离我们的意识并不远。我们开始意识到，哀伤能以多种方式出现在日常生活里。它是清晨醒来时迎接我们的伤感。它是以柔和的色调给一天蒙上阴影的忧郁。它是对时间流逝的感知，是从我们手中慢慢溜走的日子。当亲近之人——父母、伴侣、孩子、心爱的宠物——离世时，它是刺骨的痛

---

① Stephen Levine, *Unattended Sorrow: Recovering from Loss and Reviving the Heart* (Emmaus, PA: Rodale Press, 2005), 6.

苦。当我们的生活突然被意外打破时，它是令人惊疑的哀伤——当电话铃声响起，医院通知我们活检的结果时；当我们突然遭遇失业的打击，不知道将来如何养家糊口时；当我们的伴侣突然决定结束婚姻时。当大地在脚下裂开，伴随着剧烈的轰隆声，我们跌倒在地。哀伤笼罩着我们的生活，将我们拉近地面，提醒我们终将回归脚下这漆黑的泥土。

哀伤将我们击垮，把我们带到这个世界的地表之下，那里充满阴影和奇怪的意象。我们不再漫步于明亮的白昼生活中。哀伤刺穿了我们这个看似坚固的世界，粉碎了不变的星星、熟悉的景观和已知的目的地所带来的确定性。意料之外的丧失会在顷刻间颠覆一切。在地表之下的这个世界里，时间、身体、思想以及所有的一切都变得缓慢。哀伤仿佛永远不会消散，给我们造成了巨大的恐惧。我们担心悲伤的这个居所将成为我们最终的安息之地。悲伤使生活变得黯淡无光，让我们忍不住担心未来的日子将永远被阴云笼罩。我们觉得自己正在一条没有明确方向的道路上缓慢前行。幸运的是，哀伤知道将我们引向何方——我们正踏上灵魂的朝圣之旅。

在一个只看重"上坡路"（ascent）的文化中，人们很难意识到"下坡路"（descent）的价值。无论是股市、GDP，还是利润率，我们都喜欢看到上升曲线。而当情况恶化时，我们就会感到焦虑不安。即使在心理学领域，我们也总是期望看到"改善"，总是想要变得更好或者超越我们的困境。我们重视的"进步"和"整合"虽然是很好的概念，但却不是心灵运作的方式。我们必须记住，心灵是由自然塑造且扎根于自然的。因此,心灵也会经历衰退和死亡,以及停滞、倒退和静止。在这些非上升期的经历可以深化我们的灵魂。如果我们只关注上升的时期,就会把下降的时期解释为病态的,在某种意义上,我们会感到自己是失败的。正如诗人和作家罗伯特·布莱(Robert Bly)嘲讽地指出的:"当社会决定创造一个充斥着购物中心和娱乐商城的世界,并让我们相信死亡、毁容、疾病、疯狂、倦怠或痛苦并不存在时,我们怎么可能看到事物的灰烬的一面呢?迪士尼乐园意味着'没有灰烬'。"①

当我们坦然接受丧失的必然性和必要性时,便能够真切地参与这些时刻,并将苦难转化为美丽甚至神圣的事物,从而践行生活的艺术。去设想哀伤能够带来美好可能会显得有些奇怪,但请想象一下,一个刚刚流下眼泪的人站在我们面前,他赤裸而纯净的面孔在闪闪发光。我们看到的,其实是一个像波提切利的维纳斯或者米开朗基罗的大卫一样美丽的人。

迈入哀伤和苦难的深渊可能会令人感到恐惧,但除了花时间与哀伤的祭坛相处,我不知道还有什么更合适的方式踏上重拾灵魂的旅程。如果不与哀伤进行某种程度的亲密接触,那么,我们在生活中面对其他情感或者经历的能力也会受到极大的损害。

要想信赖这一下行到黑暗水域的旅程,并不是一件容易的事。然而,只有成功地进行这种向下的旅程并再次返回,我们才能获得

---

① Robert Bly, *Iron John: A book about Men* (Cambridge, MA: Da Capo Press, 2004), 81.

相应的磨炼。在哀伤之井中,我们会找到什么呢?黑暗和潮湿使我们的眼睛变得湿润,我们的脸上积满了泪水。我们会发现被遗忘的祖先的身体、被抛弃的梦想、古老的树木和动物的遗迹。这些都是过去曾经存在过的事物,它们有能力引导我们去往某个特殊的地方,也就是在未来的某一天我们每个人都终将回归的地方——生命是一份短暂的礼物,我们终有一天要离开。人类来自地球和土壤,而这一向下的旅程正是通往我们的本质的过程。

第三章

哀伤的五道门

哪里有悲伤,哪里就有圣所。

——王尔德

在人生旅途中，哀伤能够以各种方式走进我们的心灵。因此，为了帮助大家更好地熟悉和应对哀伤，我总结出了"哀伤的五道门"。每一道门都能通向共同的哀伤，带我们深入了解丧失如何触动我们的心灵和灵魂。

哀伤的第一道门是众所周知的——失去所爱之人或所爱之物带来的悲伤。在现代社会，其他四道门几乎都被忽视了，因而，在这四道门上所积累的哀伤始终未被触及。这些未被关注的哀伤使我们感受到持续的压力。接连涌来的哀伤几乎将我们淹没，我们常常因此而被误诊为抑郁症。在我们的社会中，导致死亡的首要原因是充血性心力衰竭。然而，堵塞心脏的不仅仅是动脉中堆积的斑块或高胆固醇，还有心脏上的另一层负累——未被消化的悲伤。太多的心碎故事未能得到关注，心脏因此而负伤累累。通过理解这几道门上的哀伤，我们就有可能以慈悲的态度面对哀伤，并且在合适的环境中给予哀伤充分的表达和尊重。

第一道门：我们终将失去所爱的一切

意识到哀伤情绪的真正目的是想召唤我们回归灵魂后，我对哀伤产生了深深的信念。哀伤是灵魂的声音，它要求我们直面人生中最艰难但又至关重要的一个真相：一切都是生命的馈赠，没有什么是永恒的。这一事实令人感到痛苦。正如佛家所说的"无常"一样，接受这个事实意味着去顺应生命的规律，而非试图否认丧失的存在。当我们承认哀伤时，便是承认"我们终将失去所爱的一切"——没有任何例外。当然，我们可能会辩称我们对逝者（父母、配偶、孩子、朋友等）的爱将永存于心——是的，确实如此。然而，正是因为哀伤使心灵保持开放，我们才能够忆起与逝者共度的美好时光。而当我们拒绝让哀伤进入生活时，情感体验的广度就会逐渐被压缩，继而导致我们只能过上一种浅薄的生活。下面这首来自12世纪的诗，精确地阐述了这一永恒真理——当我们选择去爱时，必然会承担风险：

致那些逝去的人

Eleh Ezkerah[①]——这些我们铭记

去爱
那些死亡能触及之物，
本是件可怕的事。
去爱，去希望，去梦想，
哦，以及去失去。
爱，是愚人的事，
去爱那些死亡能触及之物，

[①] Eleh Ezkerah 是希伯来短语，出自犹太教祷文，意为"我们铭记"，一般用于悼念场合或纪念活动。——译者注

却是件神圣的事。

因为你活在我心中；

你的笑声曾令我振奋；

你的话语是我的礼物。

这些记忆让我悲喜交加。

爱是人性的一部分，

是神圣的，

去爱那些死亡能触及之物。

——犹大·哈莱维（Judah Halevi）或罗马的以马内利（Emanuel）[①]

这首动人心弦的诗歌深刻地探索了一个核心问题："去爱会被死亡触及的事物是一件神圣的事情。"然而，要与这种神圣保持连接，我们必须精通哀伤的语言和习俗。如果不这样做，丧失将成为沉重的负担，拉着我们下坠，来到生命的边缘，进入死亡的国度。

哀伤告诉我：我有勇气去爱，我允许另一个人踏入我的灵魂深处，在我的心里安家。哀伤与赞美有异曲同工之处，它是灵魂的述说，

[①] 第一次听到这首诗是在一次聚会上，我的朋友道格·冯·科斯朗诵了它。我深感触动，于是研究了这首诗的起源。一些资料显示它是由那位著名的叫作"匿名"的作者所写，而其他资料则将其归于我在此处列出的名字。

它能够证明有人曾触及我们的生命深处。"去爱"就是去接纳哀伤的各种仪式。

有一天,一位年轻人带着忧伤的神情走进我的办公室。在和女友共度了一个美好的周末之后,他回到家处理了一些事务,为自己做了一顿晚餐,然后打开电脑浏览父母和女友的照片。突然间,他悟到了什么:"那一刻我意识到,我终将失去他们所有人。"于是,他哭了起来。苦涩的眼泪令人感到心痛,也使我们不得不谦卑地正视每个人都必须面对的脆弱真相。有时候,我们的确需要这些苦涩的眼泪,它们是滋补品和强心剂,能够帮助我们消化这一难以承受的现实。

这位年轻人说,过去的他一直试图逃离这个真相。但是那一天,他决定张开双臂欢迎这位代表哀伤和无常的黑暗天使。他告诉我,他希望自己的心能永远保持开放,从而拥有广袤而浩瀚的爱。这是多么美好的一件事!这是生命中的一个变革时刻,这位年轻人被丧失之美重塑了。

爱与丧失交织在一起,带来了酸甜苦乐,也加深了我们对所爱之人的感激之情。用开放的态度面对脆弱的真理——尤其是在不断地将哀伤边缘化的文化中——往往是一种艰巨的挑战。然而,有时候,我们却无法抗拒这位不速之客。

2001年,在世贸中心双子塔被摧毁不到一个月后,我曾前往纽约市。当时,我的儿子正在那里上大学,这场悲剧恰好发生在他第一次长时间离家后不久。走进这座城市的瞬间,映入眼帘的一切深深地触动了我。无论我走到哪里,都可以看到哀伤的祭坛,上面布满了鲜花,点缀着逝去的亲人的照片。在公园里,有人围成一圈,有人沉默不语,还有人在唱歌。显然,灵魂有这样一种基本需求,要我们聚在一起哀悼、痛哭、呼喊,以便开始愈合。其实,我们多多少少能意识到,这是在面对丧失时必须要做的事情,但我们已经忘记了该如何自在地表达哀伤。

在第一道门里,我们还会遇到另一种哀伤——疾病。任何长期的疾病都会引发一种丧失感——因为失去了充满活力的美好生活而感到哀伤。我们陷入了空虚和耗竭,很难找到快乐或前进的动力。身体出了问题,导致我们再也无法全心全意地投入生活。疾病破坏了掌控感,导致我们不再立于不败之地。我们抗拒、愤恨、争辩和抗议,试图从这个讨人嫌的访客手中夺回生活的主动权。

在健康状况随着疾病的侵扰逐步衰退的过程中,我们体验到了丧失,感到被削弱和侵蚀。在经历心脏病发作后,荣格将这一体验描述为"叶落凋零的痛苦过程"。他说:"我所追求的、渴望的和思考的一切,甚至尘世中的种种幻影,都已消逝或被夺走。"① 当健康变得遥不可及时,我们对生命的信念可能会产生动摇。一位女士在接受双乳切除手术后参加了一场哀悼仪式。因为失去了身体的完整性,她流下了最柔软的泪水。她的悲伤深刻且动人。另一位女士分

---

① Carl Jung's vivid description of his experience following his heart attack was found in Kat Duff's illuminating book, *The Alchemy of Illness* (New York: Pantheon Books, 1993), 98.

享说，她的生命只剩下最后几个月了，她需要面对因长期患病造成的种种丧失：工作、友谊、力量和梦想。

疾病给我们带来了许多严峻的挑战。有一位男士在一次严重的心脏病发作后来到我这里寻求心理咨询。地位显赫、身居高位的他迫切地想要重回权力结构之巅。在咨询中，我清晰地看到他多么渴望恢复以前的力量。几周时间过去了，有一天，我对他说："我担心你会白白浪费一次心脏病发作！你太执着于恢复过去的状态了。你有没有停下来思考过，恰恰正是这些因素导致了你的心脏病发作？你现在的任务是倾听来自内心的声音。你已经背弃了太多——爱情、友谊和你的身体——而你的内心充满哀伤。这次心脏病发作正试图向你传递一些信息。请听！"对他来说，这是一件十分艰难的事情。他被要求做出一些根本性（radical）的改变。"根本"一词源自拉丁语中的单词"根"（root）。他的心正呼唤他回到更深的地方——回到他生命的根源。

在癌症患者支持团体"公共福祉癌症帮助计划"里，我对团体成员们说，疾病使他们踏上了一段艰难的转化之旅。所有的转化活动，正如那些仍在各种生生不息的文化中传承的转化活动一样，都会将我们带入一个未知的、未成形的世界。这个世界里的一切都变得不同了，而且它们也无意恢复旧貌。这是一个蜕变和终结的时刻。熟悉的世界被抛在身后，我们处在一个无形的事物边缘。这里充满了根本性的变革。换言之，我们的生命认同感正在被解构。疾病迫使我们面对巨大的不确定性。我们会康复吗？我们能够恢复到生病前的状态吗？我们再也无法依赖已知的事物来获取稳定感。一切都变得摇摇欲坠、动荡不安，我们仿佛漂浮在陌生的海域。正如置身所有真正的转化历程中一样，我们害怕自己会沉入死亡的深渊。

当我们深陷疾病的掌控时，总是渴望能回到患病前的状态，就像上文提到的那位男士一样。然而，我们并非一定要重回过去。我们必须意识到，无论是癌症、心脏病还是抑郁，都能将我们连根拔除，带到一个全新的彼岸。正如在各种仪式中一样，我们注定要通过这些经历发生深刻的转变。

疾病剥去了所有多余的东西，将我们磨砺至最本真的自我。当我们无法"否认"时（就像在疾病中那样），便不得不直面生命的有限性，进而与内在的柔弱、心中的创伤、肉体的脆弱以及灵魂的广袤相遇。我们被带入黑夜，夜色却照亮了我们更深层、更真实的模样。那些由童年伤痛和社会谎言所构成的旧故事，逐渐让位于更广袤、更富韧性、更能与灵魂之声共鸣的存在。我们渐渐地体会到生命的复杂性，走出青少年时代那非此即彼的世界，走进成人自我的熔炼场。在这个更加成熟的地方，我们的内心变得更加宽广，能够同时容纳和品尝酸甜苦乐。为了过得安稳，我们曾回避很多事物，如今，我们渴望与它们相遇。我们逐渐意识到，对灵魂而言，每一种情感都是老朋友，都值得受到欢迎。我们逐渐开始拥抱生命中的一切。

在《疾病的炼金术》（*The Alchemy of Illness*）一书中，凯特·达夫（Kat Duff）描述了她的慢性疲劳综合征，以及它与哀伤的关系。她写道："'治愈'（cure）一词的印欧语词根是'为某事感到悲伤'

的意思,生病的人总是会为某件事感到深深的悲伤:婚姻破裂、家庭成员的早逝或者在战争中被屠杀的无辜平民。"[1] 她在疾病的深处发现了哀伤。哀伤在得到充分表达后,能够帮助她与生活和世界紧密相连。正如苏珊·格里芬(Susan Griffin)所指出的:"在我所有悲伤的深处,我感受到一种不独属于自己的存在。"[2]

然而,当哀伤没能将我们与生活紧密相连时,它的重力会将我们拉向坟墓。失去所爱之人的痛苦是难以言喻的,而当这种死亡以自杀的形式出现时,哀伤会变得更加复杂。我们感到困惑、震惊、愤怒、被背叛和被抛弃——当我们试图理解无法理解之事时,所有的狂躁和不安都会在身体中涌动。这是一种创伤,它像弹片一样撕裂心脏,令我们感到眩晕不已。

这样的丧失把我们变得支离破碎,不再像自己。它破坏了我们脚下坚实的土壤,将其变成流沙。我们难道不应该想要活下去吗?对于许多人来说,结束自己的生命似乎是一种不可接受的选择。然而,许多人都曾在自己的秘密空间里与"生存还是毁灭"这一问题搏斗过。按照美国式乐观主义的惯例,我们似乎应该对生活说"是",但自杀和自杀念头依然触动了许多人。事实上,自杀不是一个单一维度的生物,我们无法简单地用绳子捆住它。它的出现有多种原因,然而,知晓这些原因并不能平息那些在狂乱的情绪余波中挣扎的心。我在

---

[1] Kat Duff, *The Alchemy of Illness* (New York: Pantheon Books, 1993), 125.
[2] Susan Griffin, "Nature," in *Bending Home: Selected and New Poems: 1967–1998* (Port Townsend, WA: Copper Canyon Press, 1998), 119.

心理咨询工作中陪伴过的许多来访者，都曾经历过亲友的自杀。有一位女士的母亲在她 2 岁时自杀了，到 60 多岁的时候，这位女士终于能够承认和悼念母亲的自杀了。60 年来，她一直试图告诉自己："那件事发生在很久以前，它并不重要。"然而，这件事已经在她的心理"地基"中撕开了一条巨大的裂缝，在过去的 60 年间持续地影响着她，侵蚀了她对生活的信念，使她怀疑自己的价值。这条裂缝阻断了她的泪水，使她很难真正去爱。

自杀幸存者常常感到羞耻，隐约怀疑自己没有付出足够的努力来阻止这场死亡。这种羞耻使他们的痛苦加倍。哀伤与羞耻交织在一起，使我们更难开口向他人求助。找到足够的勇气与他人分享自己的经历，能够帮助我们修复这种刻骨铭心的悲伤。

失去所爱的人或物时，潜藏在其他地方的哀伤也会涌现，寻求我们的关注。我曾治疗过一位因意外而失去儿子的女士。与哀伤相伴了几个月后，她慢慢地学会了如何照料它。然而，另一种哀伤渐渐涌现，并作为支流汇入她正在经历的主要哀伤。她从未向他人表达自己的需求。一直以来，她总是扮演照顾者的角色，用心确保每个人都安好。而现在，她坐在这里，处于绝对的需求状态，正在与试图让她沉默下来的声音抗争——这些声音否认了她请求支持的权利。随着时间的推移，两种源头的哀伤交汇在一起。她开始意识到，尽管自己失去了儿子，但在这种丧失中隐藏着一种奇怪的慈悲——她的一部分灵魂现在终于可以回家了。

第二道门：爱无法抵达之处

哀伤还有第二个入口。第二道门与第一道门"我们终将逝去所爱的一切"有所不同，它通往未被爱触及的地方，这里从未感受过善良、慈悲、温暖或接纳，因而显得格外娇嫩和敏感。人们内心的这些角落被羞耻感包裹着，被放逐到了生命最遥远的边缘。它们遭到我们的憎恨和轻视，从未感受过阳光的照耀。我们从不向任何人展示这些被放逐的兄弟姐妹，不允许自己的这些部分得到社群的治愈。

这些被忽视的灵魂碎片深陷绝望。它们被我们当作自身的缺陷，也被我们体验为一种丧失。每当自身的一部分被拒绝时，我们就会生活在一种丧失的状态里。不管面对什么样的丧失，哀伤都是一种再正常不过的反应，然而，如果我们觉得某件事物没有价值，就无法为其感到哀伤。这就是我们的困境——虽然一直都能感受到悲伤的存在，但却无法真正地为其感到哀伤，因为我们的身体觉得这是不值得的。

最近这些年来，我一直在举办关于羞耻感的讲座。当年第一次收到这样的讲座邀约时，我曾感到困惑。当时的我不明白，他们为什么要邀请我讲羞耻感？我确信没人来听这个讲座。我几乎可以肯定，我是唯一一个能感受到羞耻的人。好吧，乐观点想，也许会有十几个人出现吧。然而，讲座的第一晚便有65人出席。从那时起，参与者不断增加，每次讲座都有100多人来谈论羞耻感。多年来，我一直在举办这类讲座，并且总是受到热烈欢迎。显然，我并不是唯一一个感受到羞耻之痛的人，很多人都体会过这种感觉。我开始意识到，我们生活在一个充满羞耻感的社会。

羞耻感破坏了我们与生活的联系，也破坏了我们与灵魂的联系。羞耻感的确是灵魂的疾病。当羞耻感出现时，我们会撤离这个世界，避免在羞耻感中暴露自己。在极度自我觉察的时刻，我们最不想做的事情就是被他人看见。我们避开他人的目光，变得沉默而内向，希望能过上一种不被他人察觉的生活。受羞耻感束缚的人常常希望，从出生到死亡都不在生活的雷达上留下一丝痕迹。我想我会在自己的墓碑上刻下这样一句话："这里总算安全了。"

美国作家格尔申·考夫曼（Gershon Kaufman）就羞耻感提出了许多重要见解。他指出，羞耻让我们感到一种"难以启齿且无法弥补的缺陷"[①]。之所以"难以启齿"，是因为我们不想让他人知晓自己的内心感受。我们担心这种缺陷是无从补救的，因为它反映了我们自身的问题——我们就是这样的人，我们无法从自己的内核中去除这种污点。于是，我们不断地寻找缺陷，希望能像驱逐恶魔一样将其赶走。然而，它始终萦绕在我们的生命中，既担心被我们看到，又渴望被看到并感受到慈悲的关怀。

没有人生来就有羞耻感。相反，羞耻感是随着时间的推移沉淀在我们骨子里的，每当我们被忽视或被侵犯的时候就会累积一层。我们每个人都想得到某些人的关爱，也都经历过关系破裂的时刻。

[①] Gershon Kaufman, *Shame: The Power of Caring* (Rochester, VT: Schenkman Books, 1992).

记得在我儿子2岁那年,有一天,我正在厨房给他做早餐,他兴高采烈地跑进来大喊:"爸爸!爸爸!"我猛地转过身朝他吼道:"别这样!"他露出震惊的表情,随即转身跑回了卧室。我意识到,自己刚刚的回应让他感到了羞耻。于是,我放下手中的鸡蛋,走到他的房间。我蹲在地板上,看着他的眼睛,温柔地说:"刚刚你想要我做点什么,可我却没能满足你的愿望。你想对我说些什么吗?"他说:"我感觉你不想再做我的爸爸了。"我的心揪了起来,连忙说:"不,不,我们很好。刚刚都是我的错,我很抱歉,我不该那样对你发火。我们很好,我爱你。"他开心地笑了,抱了抱我,然后继续去玩了,连接我们的那座桥梁就这样得到了修复。

走出他的卧室时,我不禁反思,如果我没来找他,会发生什么呢?记得考夫曼说过,应该由成年人负责修复与孩子之间的沟通问题。在那一刻,我强烈地意识到,如果不得不由孩子去修复关系,他会付出怎样的代价。如果我没去卧室找他,我的儿子就不得不承受自己的恐惧,觉得我不想再做他的爸爸了。然而,最糟糕的部分是,他会觉得这是自己的错——如果他没有那么兴高采烈,没有那么需要我的关注,我可能仍然会关心和爱护他。他会觉得,如果以后还想得到我的爱,就必须约束自己的这些需求。

后来,当我再次反思与儿子之间的那个微妙时刻,我想起了在高中化学课上做的冰糖实验。当时,我们准备了一杯水,把绳子系在铅笔上放入水中。然后,我们慢慢地往水中加入糖形成溶液。起初,什么都没有发生……过了一会儿,依然什么都没有发生……最后,当溶液达到饱和点时,糖分子终于开始在绳子周围结晶。我想,这就是羞耻感形成的过程。当我们与所爱之人的关系破裂时,一次、两次、几次,可能都没关系,因为我们能够消化并忍受一定数量的失望和批评。然而,随着重复次数的增加,在某个时刻,与这些事件相关的内在故事就会达到饱和点,于是,虚构的事物就会凝结成一些看似如真相的东西。我完全没有不想当我儿子的爸爸,然而,如果不耐烦和发脾气的次数足够多,我却没有主动去修复关系,我的儿子可能就会相信我真的不想当他的爸爸了。

就这样,为了适应成年人的世界,我们开启了一场缓慢而隐秘的自我切割之旅。我们逐渐确信自己所拥有的快乐、忧伤、需求和感性等特质,恰好是我们不被他人接纳的原因。为了能够融入他人(即便只是暂时地融入),我们轻易地切割了自己的心灵生活。我们深信自己的这些特质不够好,甚至从本质上来说是可耻的。因此,我们将它们放逐到意识的深处,希望永远不再与之相见。就这样,它们变成了被放逐的兄弟姐妹。我在做心理咨询时,也曾希望我的咨询师能帮我摆脱这些"讨人厌"的部分。

羞耻关闭了心灵对自己的慈悲,使我们生活在一种自我憎恨的内在状态。为了减轻羞耻感对生活的控制,我们需要进行三个改变。第一个改变是不再觉得自己毫无价值,转而承认我们经历过的伤痛。从第一个改变中产生了第二个改变——不再以蔑视的眼光看待自己,转而开始培养自己的慈悲心。第三个改变是从沉默转变为分享。若是把苦难当作证据来证明自己是毫无价值的,就只能以单一的批判态度去接近我们的伤口。

我在临床工作中遇到过这样一位来访者：她在 10 岁时被猥亵，但却一直为此自责，并且始终憎恨自己内心的那个小女孩。当时，没有任何一个足够细心的成年人告诉她，发生在她身上的事情是可怕的、错误的，而且是与她无关的。幸运的是，在心理咨询期间，她的两个女儿正处在与她被侵犯时差不多大的年龄。于是，在一次咨询中，我建议她回家后认真地看看女儿们的眼睛。第二周回到咨询中时，我询问她看到了什么。她说："天真。"于是，我接着问她，有没有可能，在那个年纪，她也是天真和无辜的，她不需要为当时发生的事情负责。她点头，并开始为内心的这个女孩哭泣——这标志着她开始痊愈和回归社会。这是她第一次把发生在自己身上的事情看作一种伤害，而不是对自己的价值评判。她总算能够吸入几口慈悲的空气，回过头来照顾饱受折磨的内心了。从这里开始，她终于能够迈出最后一步，真诚而坦然地在社区中分享自己的经历。她为那个无辜的小女孩感到哀伤，她的羞耻感也随之消失了。

我们必须做的第三个改变——从沉默转变为分享——是非常重要的。但是，一定要选择合适的分享对象——只与你完全信任的人分享这些脆弱的真相。就像歌德说的："告诉智者，或者保持沉默。"[1]

---

[1] Johann Wolfgang von Goethe, "The Holy Longing," in *The Rag and Bone Shop of the Heart: A Poetry Anthology*, ed. Robert Bly, James Hillman, and Michael Meade (New York: HarperCollins, 1992), 382.

早夭之痛

我们的大部分哀伤，都源于我们不得不蜷缩身体隐藏在他人目光之外的经历。在这种姿态里，我们确认了自己的流亡。在心理咨询工作中，我每天都能听到这些故事——被放逐的兄弟姐妹的故事。他们人数众多，所涉及的哀伤囊括了人类生活的方方面面。对于一些人来说，这些被放逐的部分与性和身体有关；对于其他人来说，被放逐的部分是他们的愤怒与悲伤、喜悦与热情。许多人的需求都被忽视了。这些被放逐的灵魂碎片并不会安静地待在意识的边缘消磨时间，它们会以成瘾、抑郁或焦虑的形式出现，来呼唤我们的关注。在我们的梦中，它们以流浪者和孤儿以及贫民窟和监狱牢房的形象出现。我记得，有一位正与酗酒斗争的男士梦到自己走进一家酒吧，却浑然不觉面前有一位美丽的女士。她喊道："嘿，你什么时候才能注意到我？"这是灵魂的呼唤，它想让他转身关注被忽视的那部分生活。

许多人都在遭受我称之为"早夭"（premature death）的痛苦，因为我们已经远离了生活的全貌。我们习惯了一种既不在生活内也不在生活外的矛盾模式——悬浮地活着。这种生活态度滋生出一种谨慎和逃避的策略。我曾为数百名男性和女性做过心理咨询，他们的内心无一例外都在大喊："请投入到充满激情和信念的生活中去吧！"可是，他们巧妙地回避了这个呼唤。正如黛安·阿克曼（Diane Ackerman）所写："我不想直到生命的尽头才发现，自己只是活出了生命的长度。我还想活出生命的宽度。"①

几年前,我在南加州举办了一场关于爱和死亡的研讨会,与会者是一群男士。在研讨会的第二天,我提出了一个问题:"你的灵魂在等你做出什么承诺?"这引发了激烈的讨论以及相当多的哀伤,因为这些男士意识到,灵魂中的这种渴望被他们否认或忽视了。他们谈到了自己的种种欲望,比如,想要变得更加脆弱、在爱情中承担更多风险,以及保持自己的创造力等。这个问题唤醒了灵魂中被排斥和被噤声的一面。随后,我提出了第二个问题:"为了实现这个承诺,你将不得不牺牲什么?"这些男士再次清晰地意识到,他们一直固守着"自我保护"的策略,选择在一个有限的范围内生活,以免受到任何伤害。我们花了一整天的时间来研究这两个问题,并在当晚举办了一个仪式,以纪念我们所做的牺牲。在仪式中,有人摆脱了自己在重要时刻发言的无能,有人不再依赖他人的认同和赞美,还有一些人不再总是想证明自己是正确的。

紧接着,在周日早晨再次聚在一起时,我提出了第三个问题:"试着想象一下,现在是未来的某一刻,你知道自己正临近死亡。你开始回顾自己的一生,看到自己信守了承诺,也对得起自己做过的牺牲。那么,你的灵魂希望如何被人铭记?请写下你的讣告。"从这次的团体中,涌现了一些极具感染力的答案。我们体会到了什么才是最重要的:大胆地去爱,为自己的社区做贡献,好好培养孩子,用美和

---

① Diane Ackerman, *Newsweek*, September 22, 1986.

生命力来滋养自己的灵魂。然而，要想让这美好的一切成为现实是有前提的：必须充分地走进自己的生活，踏入生命之河的滚滚洪流，重拾那些曾因自我背叛或害怕被他人拒绝而遭到放逐的灵魂碎片。

我们要审视生活中的阴影，去了解居住在那里的是谁——那里充满破烂、枯萎、饥饿和孤独。我们要做的，就是将这些灵魂的碎片带回生活中。结束这些碎片的流亡意味着不再蔑视它们，也意味着拥抱我们的全部存在，恢复我们的完整性。在这之前，我们将继续承受无价值感和破碎感。

从原住民文化的视角来看，我们在这道门所经历的哀伤是一种"失魂"（soul loss）。这种情况发生在我们对生活的渴望（活着的感觉）变得迟钝，以至于死亡变得诱人，抑郁成为一种生活方式的时候。在临床工作中，我每天都会遇到与孤独、绝望和无意义斗争的人们。对于那些遵循传统生活的人来说，失魂无疑是人类所面临的最危险的境况。它损害了生命能量，压抑了喜悦和激情，削弱了生命力，消耗了声音和勇气，最终侵蚀了我们的生存欲望，导致我们失去了憧憬，变得魂不守舍，陷入绝望。

失魂是一个古老的概念，源于远古的直觉，认为灵魂可能会变得分裂、破碎，也能溜走或被偷走。原因可能是多种多样的：遭受过身体或情感上的创伤、长期的疾病、严重的忽视和羞辱，以及（当今时代普遍存在的）长期的麻木所带来的持续冲击。这些因素共同作用，使我们的生活变得愚钝、沉闷和空虚。

对我们中的许多人来说，灵魂生活的衰退始于童年。我们经历了所谓的发展性创伤（developmental trauma），也就是我所说的缓慢创伤（slow trauma）。这类创伤与发生在我们身上的戏剧性事件无关，而是源于一种缺失的体验——家庭环境中没有发生极其恶劣的大事件或暴力行为，但却存在更加微妙的疏忽和不关心。在需要安抚或拥抱的时刻，我们等来的只有漠不关心或者某种片面的、漫不经心的关注。我们得到的东西太过稀薄，无法为当下感受到的窒息带来足够的氧气。在临床工作中，我每天都能看到这种创伤的残余，它表现为无法调节内心的困扰以及自我怀疑和无价值感。

心理治疗师古德伦·佐默兰德（Gudrun Zomerland）将创伤形容为"灵魂的震荡"。他说："在德语中，创伤被称为'Seelenerschütterung'。其中，'Seele'意味着灵魂……'Erschütterung'意味着在时间的日常流动中被唤醒，进入一种异乎寻常的状态。"[①] 因此，创伤是一种使灵魂震荡的经历，它破坏了生活的连续性，将我们推入一种替代性的存在中。在生命的早期，当这种灵魂的震荡频繁发生时，就会逐渐由异乎寻常演变为稀松平常。这就是我们所了解的世界——不安全、不可靠并且令人感到畏惧。这是一种深刻的丧失和难以抑制的悲伤。在面对创伤时，这个世界未能提供安慰，于是我们决定退缩。我们小心翼翼地评估周遭环境的安全度——我们几乎感觉不到真正的安全。在临床工作中，我遇到过一位来访者，他对生活的期望值甚至低于零。他觉得自己一文不值，就连在餐厅吃

[①] Gudrun Zomerland, "Trauma: The Shaking of a Soul," *Chinn Street Counseling Center*, www.chinnstreetcounseling.com /zomerland/zomerland_24.shtml.

饭时都很难开口向服务生要调料。在治疗中，他脑海里持续出现的形象是一个躲在墙后的小男孩。对他来说，冒险进入这个世界是不安全的。他很害怕被别人看到。我和他感同身受，因为我也曾以这种方式生活了40年。我们总是保持警惕，想要通过停留在生活的边缘来避免更深的痛苦。

创伤和羞耻在这里交汇了。如果在孩提时期独自遭受了情感上的痛苦，却没能得到他人的关照，那么，我们就会觉得自己是个坏小孩，认为自己无法获得他人的爱："如果我是重要的，如果我真的足够好，那么，我的需求和痛苦就会得到某个人的关注和抱持。"大家还记得我儿子得出的结论吗？他以为我不想再做他的爸爸了。在孩子和养育者之间的抱持空间里，一旦出现这种破裂，当事人便很难保持中立。

精神科医生、佛学家马克·爱普斯坦（Mark Epstein）在探讨创伤的普遍性时说，创伤是人类的一种固有体验："当痛苦的情绪和不愉快的感觉未被父母捕捉到或者处理时，婴幼儿就会感受到一种难以靠自己化解的巨大情绪，而这往往会进一步转化为自我厌恶。"[1]这句话指出，创伤是持续痛苦的根源，它会侵蚀我们的价值感，破坏我们全情投入生活的能力。爱普斯坦从英国精神分析师温尼科特的工作中得出结论，在我们的灵魂中，创伤作为一种原初痛苦（primitive agony）持续存在。原初痛苦就像心灵中的一个引力场，

---

[1] Mark Epstein, *The Trauma of Everyday Life* (New York: Penguin, 2013), 23.

将我们狠狠地向下拉，使我们坠入焦虑和恐惧。

爱普斯坦向我们展示了如何摆脱这个迷宫。他汲取了温尼科特的教诲，强调创造一个（像母亲一样关心和体贴的）内在抱持环境的重要性。正念可以为我们提供一个柔软的空间来容纳丧失之痛。这一心怀敬意、充满慈悲的方法赋予我们一个宽广的空间，有助于我们解开灵魂中的结。这也是我在临床工作中使用的核心方法。

这个方法提醒我们，在处理哀伤时要保持成人自我的临在。成年人是唯一能够为我们的悲伤、痛苦和苦难提供抱持空间的人。当悲伤来临时，儿童自我很容易被拉入其原初痛苦和分裂情结中。作为一个有爱心的成年人，以专注和调谐的态度走进痛苦和哀伤的内核，有助于稀释和转化创伤和羞耻，滋养我们对他人的慈悲之心。

除了内在抱持空间，关怀有时也来自我们的外部。社区可以成为一个温暖的空间，抱持我们最痛苦的故事。我记得，有一位20多岁的年轻女士参加了一场在华盛顿举行的哀伤仪式。我们一起花了三天的时间耕耘哀伤，并将那些哀伤的碎片转化为肥沃的土壤。在此过程中，她一直默默地哭泣。我单独和她工作了一段时间，听她流着眼泪诉说自己的无价值感。仪式开始时，她冲向祭坛，我听到她在鼓声里大声呼喊："我一无是处，我不够优秀。"她哭了起来，在社区的容器内和见证者的面前，与其他人一起深入地释放哀伤。当一切结束时，她闪耀如星，她终于意识到"无价值"这个故事是多么错误，而内在自我的这些碎片又是多么珍贵。

关于责备的简短说明

从事临床工作30多年来，我发现人们常常能够轻而易举地找到一个可供责备的对象。而当我们简单地将痛苦归咎于他人时，自己就不需要承担任何责任了。在这种责备游戏中，心理学起到了共谋的作用，将指责的手伸向了父母。没错，父母缺乏觉察的养育方式给许多人带来了巨大的痛苦，但我们必须记住，我们的父母只不过是社会的一员而已——这个社会未能满足他们的需求，没能使他们成为坚强的个体和刚刚好的父母。他们需要整个村庄的帮助，而我们也是如此。我们当然会对父母感到失望，因为我们希望一起床就有40双眼睛问候我们，但却只得到一两束注视的目光。我们需要各种各样的男性和女性力量萦绕在身边，教导我们如何在这个世界中善用这些力量。一个疲惫不堪的人是无法持续地给予关注的，所以我们需要许多双手的共同帮助。这样的村庄没能出现，于是我们深感哀伤。

如下文所示，原型心理学家希尔曼提供了一个意象，告诉我们该如何从荒芜之地带回灵魂中被拒绝的部分。

炼金术士拥有一个绝妙的意象，用来形容如何将痛苦和症状转化为灵魂的珍宝。炼金术的目标之一是获得无价的珍珠。起初，珍珠只是一颗小小的砂砾、一种神经症状或一句怨言、一个在隐秘的内心世界中惹人烦的事物，任何防御外壳都无法将它隔绝在我们的世界之外。它被包裹着，日复一日地进化，直到有一天变成了珍珠；然而，它仍然需要从深处打捞出来并撬开。当砂砾得到救赎时，也是它被佩戴的时刻。它必须被放置在温暖的皮肤上以保持光泽：救赎情结曾经带来了痛苦，现在却被当作一种美德展示给公众。通过神秘的工作获得的非凡宝藏，现在变成了一种夺目的灿烂。所以，摆脱症状意味着失去一个可能获得无价之宝的机会。而起初，它伪装成卑微的模样，让我们以为这只是一种难以忍受的事物。[1]

正是在"低劣"的那部分生命里，我们才能找到救赎。只不过，在追求完美的文化中，人们很难接受这一点。尽管如此，我们将在被排斥的人群中，在那些被送到意识边缘的碎片中找回真正的人性。我们将在自己的"内在秘密"中，触及自身的软弱、不足、失败、依赖，以及一系列有损我们的文化中英雄理想的经历。这正是我们获得疗愈的地方。"我们之中最卑微的兄弟姐妹"需要我们揭开自己的伤疤。这样，我们就能从对衡量标准和正确与否的执着中得到解脱。正是通过为这些被鄙视的生活碎片而哀伤，我们恢复了自己的人性。

---

[1] James Hillman, *Insearch: Psychology and Religion* (Putnam, CT: Spring, 1967), 56.

正是在这里,我们才有机会重温那些没有真正体验过的生活。

爱尔兰诗人大卫·怀特(David Whyte)写了一首优美的诗《科尔曼的床》(Coleman's Bed),告诉我们该如何欢迎那些被抛弃的部分重新回到我们的生活中。从下面的节选中,我们可以感受到一种自我慈悲:

> 现在,在树木和岩石之间,
> 学着把被抛弃的事物编织成庇护所,
> 去了解那些被隐藏和被噤声的事物
> 如何在这个世界中慢慢发声。
> 在所有的外在事物中,
> 都能找到一种内在的对称性,
> 向自己学习,张开双臂,
> 欢迎你曾排斥的一切回归,
> 成为一个新的报喜天使,把自己变成一道门,
> 通过它,向一切敞开,甚至对内心的陌生人保持友好。[①]

诗人的想象力十分丰富,他邀请我们带着好奇和谦逊的态度去面对生活中的碎片,之后,他给出了一个令人惊讶的启示:我们的每一个部分都渴望向世界发出自己的声音。我们必须欢迎我们曾排

---

① David Whyte, *River Flow: New and Selected Poems* (Langley, WA: Many Rivers Press, 2007), 288–89.

斥的一切回归，在这个过程中成为一个新的报喜天使。请大家想象一下以这种方式看待自己。就像加百利和玛利亚秘密地谈论什么是最神圣的一样，这是多么狂野和自由的画面啊[①]！让我们邀请它们来到我们的生命中，滋养它们，热情地欢迎它们。

遗憾是第二道门的另一个组成部分。我们所做的某些选择妨碍或者伤害了他人及我们自己，由此带来了许多遗憾：因为放弃梦想而没有体验过的生活、枯萎并消失的友谊，以及将我们的心从世界上抽离，既不接受也不给予爱。这些令我们深感后悔的事情，造成了深刻而持久的丧失。活在遗憾里就像在名为"丧失"的墓地里行走一样，令我们感到难过和沉重。遗憾需要的是来自我们自身的温柔——自我慈悲。我们很容易因为过去所犯的错误而陷入自责和羞耻之中。我们不断地咀嚼这些鸡肋，徒劳地希望能发现一些新视角，从而摆脱相关的悲伤。可惜，一点用也没有。相反，内心那片安静地方要求我们温柔地对待这些遗憾，意识到做出这些选择时的我们究竟是谁。在那些特定的时刻，我们呈现的是什么样的自己？善意和怜悯是良药，能够舒缓遗憾。宽恕无法仅凭意志就能瞬间实现，然而，我们可以创造条件让宽恕和慈悲逐渐出现。当遗憾被自我慈悲打磨时会变得柔软，困在其中的生命也会因此而得到自由。

有时，这些丢失的灵魂碎片所携带的哀伤会通过愤怒的语言表达出来。许多人都被教导过要做一个好孩子，不要在受伤或感到

[①] 在基督教的故事中，天使加百利向圣母玛利亚告知她即将生下耶稣的消息。这一事件被称为"天使报喜""受胎告知"或"圣母领报"。——译者注

羞耻时说出自己的感受。这些肩负重压的人需要社区的支持，需要社区鼓励他们找到自己的声音，反抗内化的沉默。在哀伤仪式中，我们通过写作练习释放这些渴望讲述真相的声音。其中一个练习包含被我们称之为"抗议巴士"（protest shuttles）的话语，这些话语允许我们进入抵抗与愤怒的禁区。一些参与者发现诸如"我不同意……"这样的话语能令人感到解放，其他人则喜欢"我不愿沉默……"或者"我不甘于活得如此平凡"这样的表达。有时，一句简单直接的"够了"就能起到作用。那些被拒绝的部分蕴含着长久的哀伤，而以上这些表达能够让哀伤重新浮现，结束它们的流亡。要记住，哀伤不仅能通过眼泪表现出来，也能通过我们的愤慨表达出来。通过承认我们的哀伤，我们开始重新变得完整。

在"9·11"袭击发生后不久，我们举行了一场哀伤仪式。这场悲剧唤起了与暴力和侵犯有关的诸多回忆。在倾听这些极具情感强度的故事时，我们意识到有必要再为这个事件设立一个辅助祭坛。一般来说，这类仪式只需要一个祭坛，通常是一个水龛。在许多传统文化中，水都与治愈以及复苏有关。然而，在这次仪式中，火元素也被召唤进来。火是激情与燃烧的力量，它经常与祖先联系在一起。为了能够全然地接纳参与者的抗议，我们需要一个足够大的能量场。仪式举办地有一个巨大的古老壁炉。在房间的一端，我们搭好了水龛。而在另一端，我们绕着壁炉搭建了第二个祭坛。仪式开始后，有人在水龛前哭泣，也有人在火焰前大声地表达自己的愤怒，还有许多人在两个祭坛之间来回穿梭。有时，愤怒会引发眼泪；有时，眼泪也会引发愤怒。

哀伤是一种强大的溶剂，能够软化内心深处最坚硬的地方。当我们真正为自己流泪，为那些羞耻之处流泪时，第一股具有治愈力量的舒缓之水便开始荡涤我们的灵魂。从本质上来说，哀伤确认了价值感——我值得哭泣、我的丧失很重要。我的人生似乎充满羞耻感，而当我真正允许自己为与羞耻感有关的丧失而哀悼时，我能够感受到一种宽容和仁慈。在《疗愈时光》（*The Healing Time*）这首诗中，美国诗人佩莎·格特勒（Pesha Gertler）动情地描述了哀伤打开心扉时所散发的慈悲。

> 最终
> 在通往"是"的道路上
> 我撞上了所有
> 对生活说"不"的地方
> 所有未被照看的伤口
> 那些红色和紫色的伤疤
> 那些刻在皮肤和骨头上
> 代表痛苦的象形文字
> 那些编码信息
> 总是把我引向
> 错误的道路
> 一次又一次

我在那里找到了它们

旧伤口

错误的路标

然后我将它们

一个接一个地

放到我的胸口

我说，神圣

多么神圣啊！[1]

第三道门：世界的悲伤

当我们留意到周围世界遭受的丧失时，悲伤的第三道门便会开启。无论我们能否在意识层面察觉到物种、栖息地和文化的日益减少，心灵早已知晓这一切。我们携带的许多哀伤并非独属于个人，而是集体共有的。漫步街头，我们很难不感受到无家可归者所携带的共同悲伤，或者商业主义和消费主义暴露出来的贪婪。我们总是尽一切努力来否认世界的悲伤。几乎在每一场哀伤仪式中，参与者都会分享他们为地球感受到的深切悲伤。一位女士分享了她的感激之情，因为她终于找到了一个承认这种悲伤的社区。他们感受到了心理学家切利斯·格林丁（Chellis Glendinning）所说的地球哀伤（earth

---

[1] Pesha Gertler, "The Healing Time," in *Claiming the Spirit Within* (Boston: Beacon Press), 319.

grief):"打开心扉去感受人类的悲惨历史和地球所遭受的破坏,是为了重新拥抱我们的身体、人类社区的身体以及地球的身体。"[1]

在第三道门里,能够最直接地体验到世界的灵魂——"世界之魂"(anima mundi)。在这里,炼金术所说的"灵魂的大部分都存在于身体之外"也变得显而易见[2]。正如荣格所言,是我们生活在心灵之中,而不是心灵生活在我们之中。我们被意识的领域包围,万物皆有灵魂。这一真理早已被所有原住民文化所熟知。我们从周围世界感受到的并不是自己的心智对外部环境的投射。不管我们去往世界的哪个角落,都会看到大规模砍伐残留的印记——那些受到侵犯的土地在流血、伤痕累累、无比凄凉。这些土地大声地向我们宣告它们是伤口,是曾经有生命流动的、能够呼吸的裂口。在这些时刻,我们的心沉入深深的哀伤。西方心理学很可能会认为,我们感受到的哀伤与儿时遭到贬低的经历有关,就像经历了一种心理意义上的大规模砍伐。在那一刻,我们独自与哀伤相处,思考如何治愈这一伤口。

然而,假如我们所感受到的这一切其实都来自大地本身呢?假如这是森林的哀伤在我们的身体和心灵中留下的痕迹呢?在这场掠夺中,红杉、田鼠、酢浆草、蕨类植物、猫头鹰和麋鹿都失去了它

---

[1] Chellis Glendinning, *My Name is Chellis and I'm in Recovery from Western Civilization* (Boston: Shambhala, 1994), 161.
[2] James Hillman, "A Psyche the Size of the Earth: A Psychological Foreword," in *Ecopsychology: Restoring the Earth, Healing the Mind*, ed. Theodore Roszak, Mary Gomes, and Allen Kanner (San Francisco: Sierra Club Books, 1995), xxi.

们的家园与生命，也许这是它们的悲伤。假如我们压根就没有与世界真正分离过呢？承认这些丧失是我们的"精神责任"（spiritual responsibility）。假如这就是"世界之魂"在通过我们流泪呢？我们在骨子里感知到某种原始的东西出了差错。我们的大家园正在被侵蚀，而我们更广阔的自我也在遭殃。我们必须停下脚步去了解这些丧失。在这些充满丧失的地方，以悲伤、愤怒和歉意来回应是一种基本的礼仪。

当我们看到被污染的河流和路边散落的垃圾时，难免感到痛苦。当墨西哥湾遭遇石油泄漏时，我们感受到了它的悲伤。我们的灵魂与世界的灵魂紧密相连，正是通过这根纽带，我们意识到生命是彼此交织的。

这个世界上不断累积的哀伤令我们不堪重负。如果列出所有的丧失，足以填满整本书。我们的生活方式已经侵蚀了地球、土拨鼠、灰熊、蓝鳍金枪鱼、帝王蝶以及各种文化。每天，我们都能看到死去的动物躺在路边——鹿、浣熊、臭鼬、负鼠和狐狸。大型购物中心把社区变得同质化，一切都变得千篇一律。我们正以日益增长的执念，将这个世界原本丰富多彩的乐章消耗殆尽，用单一乏味的音调取而代之，并向每个发展中国家投放空洞的卡路里、缺乏活力的种子和毫无意义的物品，同时使数百种文化陷入永远的沉寂。如今，每隔几周就有一种语言消失在这个世界上，一同被带走的，还有当地人数千年来一直拥有的无尽想象力。不久之后，陪伴我们的，便只剩下曾经精细复杂的母体所残留的极其稀薄的影子，因为现代的单一文化正在冲击所有文化，苍白无趣的生活方式已经取代了原有的文化传统。

当转移视线、假装感受不到痛苦的冲动占据我们时，我们该怎么直面生物圈所遭受的无尽攻击呢？这需要一颗充满勇气和信念的心、一颗愿意凝视痛苦不逃避的心。要想过上一种有灵魂的生活，就要对地球的困境保持敏感。写到这里，我想起了许多人：海洋生物学家瑞秋·卡森（Rachel Carson）对杀虫剂DDT以及其他毒素的研究，开启了现代环境保护运动；艺术家叶蕾蕾（Lily Yeh）将艺术和美丽带到荒芜之地，重建了费城内城的社区；诺贝尔和平奖得主、危地马拉原住民里戈韦塔·门楚（Rigoberta Menchú）在面临大公司的入侵时，努力保护危地马拉的原住民社区。我还想起了尼日利亚建筑师、作家、环境保护家尼莫·巴赛（Nnimmo Bassey）为保护尼日利亚三角洲免遭石油泄漏的影响所做的斗争。几乎每年，尼日利亚人都会经历严重的石油泄漏事故，其规模堪比20世纪80年代发生的美国埃克森·瓦尔迪兹号（Exxon Valdez）油轮泄漏事故。成千上万的男男女女——他们的名字我们或许永远不会知道——正在努力抵御贪婪的侵袭，捍卫自己的家园。

我听过许多年轻人的故事，他们都对这个世界所遭受的破坏感到悲伤和愤怒。在参加仪式前，有一位年轻男士花了数月时间为生态和经济正义而奋斗。当提到自己为这个饱经苦难的世界感到痛苦时，他流下了最令人心碎的眼泪。然而，他的心依然愿意保持开放，原意对社区和文化中正在发生的一切保持觉察。在另一次聚会上，一位三十出头的女士静静地坐着，泪水顺着她的脸颊滑落下来。她分享了自己为这个世界感到的巨大痛苦，这种痛苦刺痛了她的心，给她的生活蒙上了一层永恒的悲伤。她对未来的信心已经受到动摇，整个房间都被她深深的痛苦以及她对地球的爱所打动。这些年轻人在变革前线勇敢地抗争着，我们必须给他们提供足够的保护。

有一次，我与一位在世界各地与当地人合作，全力应对全球气候变化问题的女士交流。她告诉我，当她在旅途中走过那些深受气候问题影响的地区，目睹当地人所经历的一切时，内心感受到了巨大的哀伤。她眼含泪水地说，因为海平面的持续上升，有些文化可能会彻底从地球上消失。她感受到了这个世界的泪水，意识到自己需要一个安全的地方来倾诉这些感受。她迫切地想要参加我们的哀伤仪式。

穿过哀伤之门，意味着踏进了一个充满哀伤的房间，这里充斥着世界的巨大哀伤。内奥米·希哈布·奈通过她的诗歌优美地表达了这一点。

> 在察觉到内心最深处栖居着仁慈之前，
> 你必须了解，那里也是悲伤的家园。
> 你要带着悲伤醒来。
> 去讲述悲伤的语言，
> 直到你的声音将悲伤穿成线，

编织出它的完整模样。①

由此编织出的布料是广袤无垠的。我们在同一个杯子里共饮丧失，在其中发现了彼此之间的深刻亲缘，也与这个鲜活的世界建立了更深刻的联系。这就是哀伤的炼金术，它伟大、恒久且神圣，又一次向我们展示了原住民灵魂一直都知道的事：我们是这个地球的一分子。

第三道门还触及另一个层面的丧失，即我们与自然之间的连接。如今的我们，不再与清风明月、鸟语花香保持亲密。对我们来说，来自野生世界的声音已经变得模糊，逐渐消失在我们的生活和想象里。对此，哲学家托马斯·贝里（Thomas Berry）说道："人们已经变得麻木，不再去感知地球发出的旋律与情感。"② 人类生物学家保罗·谢泼德（Paul Shepard）也说："我们常常将自己体验到的哀伤和丧失感归罪于性格缺陷，但这其实是一种空虚感——在本应与美丽而奇特的'他者'相遇的地方，我们感受到了空虚。"③

谢泼德的这句话犹如当头棒喝。是啊，我们本应与"美丽而奇特的他者"保持横贯一生的连接。如今，它们却成了我们旅游打卡时用相机捕捉到的瞬间，或者把电视机调到自然频道时的偶然发现。

---

① Naomi Nye, "Kindness," in *Words under the Words: Selected Poems* (Portland, OR: Far Corner Books, 1995), 42–43.
② Thomas Berry, *The Dream of the Earth* (San Francisco: Sierra Club Books, 1988).
③ Paul Shepard, interview by Jonathan White in *Talking on the Water: Conversations about Nature and Creativity*. (San Francisco: Sierra Club Books, 1994), 214.

谢泼德坚定而反复地告诉大家，是其他生物塑造了我们，使我们成为人类，所以我们要向灰狼、野兔、田鼠和雄鹰学习，以一种可持续的方式去生活。早期人类在岩画和壁画中最先描绘的是动物，在神话和故事中最先想象出的也是动物。其他生物的生存方式不仅与人类自身的生存息息相关，也对灵魂的塑造起到了关键作用。

时光流转，如今，对绝大多数人来说，与"他者"之间本应绵延不绝的对话已归于沉寂。森林与草原不再是我们的日常，麋鹿与野牛不再与我们相伴；杜鹃的芬芳难觅，喜鹊的歌声难寻；我们仿佛只依稀记得，乌鸦的智慧、老鼠的机智和狐狸的狡黠曾出现在遥远的传说中。"他者"几乎彻底消失在我们的注意力、思维和想象中。其他生命的缺席会给我们的灵魂生活带来什么变化？谢泼德告诉我们，一种充满哀伤的空虚感已经开始浮现。没错，空虚感已经占据了我们的灵魂生活。不仅如此，谢泼德还意识到，人们总是倾向于将这种空虚感归咎于"自身的性格缺陷"。

在临床工作中，我也常听人们提及空虚感。假如这种空虚感与"性格缺陷"无关，而是更接近谢泼德所暗示的原因呢？假如它是由长期缺乏鸟鸣声、青草香、野果味、红尾鵟展翅翱翔发出的叫声、潜鸟在湿地中婉转低鸣所引起的空洞感呢？假如这种空虚感是灵魂对未被满足的期待做出的回应呢？

正如精神科医生R.D. 莱恩（R. D. Laing）所提醒的，人们生来就是"石器时代的孩子"。① 人类的心理、生理、情感和精神构造，都是在物种进化的漫长过程中形成的。我们继承了十分丰富的宝藏，其中就包括与野生世界亲密无间的双向交流。我们的身心发自本能地期待这样的交流。生态心理学家切利斯·格伦丁将这种融入自然界的状态称为"原初母体"（primal matrix）。我们曾深植于这个生命母体之中，通过它，我们得以认识世界和了解自己，毫无间隔地连接人类世界与更广阔的生命世界。

这样的亲密无间已经成为过去。现如今，人类的归属感被撕出一道裂缝。格伦丁称之为"原始创伤"（original trauma）。这种创伤带来了一系列显著的心理症状：慢性焦虑、解离、缺乏信任、过度警惕、疏离脱节等。孤独与隔阂已成为一种常态，人们深陷其中而不自知。我们的活动半径被这道裂缝阻隔，无法参与和感知这个生机盎然的世界。我们的灵魂生活逐渐变得黯淡，不再与丰富多彩的生命世界共舞。我们退守在一个狭小的壳中，就像语言学家大卫·辛顿（David Hinton）所说的那样用"持续不断的自我追求"（relentless industry of self）填充自己的日常生活②。

我们本应在彼此的眼中看到"美丽而奇特的他者"；我们本应过上一种充满活力的人生，活出不羁的灵魂和自由的身心；我们本应无拘无束、载歌载舞、相拥而笑，纵情享受这短暂而珍贵的欢愉。内在的野性与外在的野性是一家人，它们会在一场美丽的探戈中互

---

① R.D.Laing, *The Politics of Experience* (New York: Ballantine Books, 1971).
② David Hinton, *Hunger Mountain* (Boston: Shambhala, 2012),30.

相激活。

在繁忙的生活中暂停片刻，允许自己感受与地球的分离，我们便能体会到谢泼德所说的"哀伤和丧失感"。打开心扉接纳这个世界的悲伤，我们虽然会被世界的哀伤淹没，但同时又会以某种奇妙的、炼金术般的方式重新与这颗痛苦而闪耀的星球建立连接。由此一来，我们会敏锐地意识到所谓的"外面"并不存在，我们所拥有的是一个连续的存在、一层共享的皮肤。正如我们的疗愈一样，我们的苦难也彼此交织、相互牵绊。

谢泼德的话道出了令人痛苦的真相，每每提及，都会有人深受触动。停止关注这个世界的"他者"后，我们的灵魂也变得黯然无光——面对由动物、植物、溪流、山川和天空组成的多彩多姿的世界，我们却视而不见。正如生态哲学家理查德·劳夫（Richard Louv）所言，人们深受"自然缺失症"（nature-deficit disorder）的困扰。我们几乎忘却了，自己的一呼一吸都与大自然息息相关。若是没有花草、树木和大海的馈赠，何来氧气呢？若是没有这个郁郁葱葱、美丽丰饶的世界，我们又何谈生存呢？若是没有"他者"，我们就会在"巨大的孤独中死去"。正如生态哲学家大卫·艾布拉姆（David Abram）所言，我们已经成为"一个只与自己交谈的孤零零的物种"[1]。面对地球的苦难，我们的内心深处充满悲伤。

记起与大地之间的纽带，感受与地球之间的联结，有助于我们

---

[1] David Abram, "The Environmental Crisis and the Living Quest of the Embodied Psyche" (talk, Jung Institute of San Francisco, February 10, 2012).

的身心疗愈。在心理咨询工作中，我遇到过一位年轻的来访者。她从不享受美食，仿佛自己不配得到滋养。一次咨询中，我带她来到办公室旁的院子里。我清空杂草，露出了赤裸的土地，和她一起跪在地上。她把手放在大地上，向它诉说自己与食物之间的斗争。奔涌的泪水释放了她的哀伤，带走了她的"无价值感"。泪水洒落在地，仁慈的大地在她的手心颤动，仿佛是地心深处传来的脉动。这一刻的治愈来自灵魂与这个世界与生俱来的深厚连接。她重新与自己的灵魂建立了联系。如今，她是自己的"慈母"，她把自己内心的"女儿"照顾得很好。

大地毫无保留地为每个人提供了良药——无须任何条件或资格，也不必付出任何代价。关键在于，要重新感知到我们与大地之间固有的连接。大地对我们的接纳并不取决于任何标准，我们与这个世界之间本就有一种与生俱来的亲密。

我所在的社区每年都会举行一场名为"复苏世界"（Renewing the World）的仪式，旨在共同滋养和修复地球。仪式始于一场葬礼，持续三天，用以纪念正在离开世界的一切。我们搭建了一座火葬台，一同为失去的一切——家人的逝世；仁善、民主和正义的缺失；山川、河流、海牛和湿地的消亡——命名，并将其放在火中。第一次举行这个仪式时，我原本只打算负责敲鼓，为其他人维系一个抱持的空间。仪式正式开始后，我不由得向上苍祈祷，并逐渐感受到世界的哀伤。沉重的哀伤压弯了我的膝盖，我跪倒在地，为每一种被命名的丧失哭泣。尽管我的头脑无法意识到究竟发生了什么，但我的身体深知，我已将所有丧失印刻在灵魂中。我们共同度过了四个小时，然后在沉默中结束了仪式，以此向这个世界中的深刻丧失致敬。

第四道门：那些落空的期待

哀伤还有一道门，虽然很难识别，但却存在于每个人的生活中。通往哀伤的这道门，能够唤起我们自己都很难察觉到的那些丧失。我曾在其他书里提及，人们的身与心都编码着一些期望。无论是刚出生时，还是跨越童年、青少年和成年等各个人生阶段时，人们都会期待某种特定的接纳、参与、触摸和反思。换言之，我们期望得到祖先们曾体验过的"村庄"的涵容——这是他们与生俱来的权益。我们生来就渴望与地球建立丰富而感性的连接，期待与大家一同举行庆典仪式、哀伤仪式和疗愈仪式，保持与神圣的连接。正如艾略特在《荒原》中所写："很久很久以前，从出生起，我们就已经了解这个世界了。"这是我们继承的宝贵遗产，也是我们与生俱来的权益，如今却被我们丢弃了。即使无法为这些需求命名，一种缺失感也会萦绕在我们心头，我们能够感受到一种隐隐作痛的悲伤，像薄雾一般笼罩着我们。这种缺失是哀伤的主要根源之一，也是我们很难去哀悼的原因之一。从某种意义上说，我们正在等待村庄的出现，以便完全承认我们的悲伤。

可是，怎样才能意识到这部分缺失呢？我不知道如何回答这个问题。但我唯一敢肯定的是，假如我们最终能体验到这些事物，便会领悟到，原来，在过往的日子里，我们一直都缺乏这种爱，缺乏这种认可，缺乏这种来自村庄的支持。这种领悟唤起了哀伤。我一次又一次地见证了这样的时刻。一位参与者在哀伤仪式中说："过去，我们甚至从未察觉这道门的存在。现在，是你为我们打开了这道门。谢谢！"

这种哀伤的核心是我们对归属感的渴望。作为生存所需，归属感确保了我们的安全，也支持着我们向外探索这个世界。它根植于村庄，有时也体现在大家族中。作为一个物种，我们就诞生在这样的环境中。也正是在这样的环境中，我们才能成为人类。简·利德洛夫（Jean Liedloff）写道："每个个体的构造都反映了它期待获得什么样的体验。"[1]我们的身心构造决定了我们要体验被触摸的感觉，要聆听能够抚慰人心的声音和话语，要与周围的环境亲密接触。如果我们感受到了某种缺失，这并不是个体的失败，相反，这反映了社会未能满足我们的期待。利德洛夫总结道："我们曾对周围的环境充满信心和期待，如今却被狠狠地挫败了，以至于我们常常认为，如果不是无家可归或者极度痛苦的话，我们就是幸运的。但即便嘴上说着'我过得很好'，我们的内心依然有一种失落感、一种莫名的渴望、一种偏离中心的感觉以及一种缺失感。被直接问及时，我们很少否认这些感受。"

---

[1] Jean Liedloff, *The Continuum Concept: Allowing Human Nature to Work Successfully* (New York: Addison-Wesley, 1977), 24.

多年前,我曾跟随马里多马·索梅(Malidoma Somé)[①]来到他在西非的家——布基纳法索(Burkina Faso)的丹诺村(Dano)。多年后,在丹诺村的一幕幕仍然令我记忆犹新。每天黄昏时分,人们都会聚集在公共区域分享彼此的一天,这令我感到一阵嫉妒。[在我们的文化中,这可是偶尔才能享受到的闲暇时光(Happy Hour)——饮料半价[②]!也许,这就是我们麻醉丧失的方式。]在丹诺,有美食和小米啤酒,也有故事、欢笑和泪水,空气中弥漫着包容的氛围。孩子们也在,他们在成年人的对话间穿梭,玩耍到筋疲力尽,直到沉入梦乡。家人和社区的声音,就像海浪轻柔地拍打着海滩一样在他们耳边回响。他们与成年人的世界没有隔阂。如果一个孩子饿了,任何有乳汁的母亲都可以给他喂奶。我花了好几天时间才弄清楚这些孩子到底是谁的。想象一下,假如我们知道自己无论在哪里都会受到欢迎,无论来到哪堆篝火旁都能得到滋养,这将对心灵产生何等深远的影响。我在村里遇到的孩子都很快乐、活泼和好奇,浑身散发出一种昂扬的自信。他们知道自己是村庄的一分子,深受大家的欢迎和包容。显然,我们真正渴望和需要的就是这些基本满足。

每天夜晚在村庄举行的这种仪式,与西方文化形成了鲜明对比。我们总是和他人分开,独自度过每个夜晚。负责给我们讲故事的不

---

① 马里多马·索梅是一名非洲萨满和长老。他被族里的长老送到西方去传播土著文化和智慧,曾出版多部相关作品。
② 这里的闲暇时光通常是指周五晚上的娱乐休闲时间。这时,人们结束了忙碌的一周工作,常常会去小酌放松一下,餐厅和酒吧也会因此推出打折活动。——译者注

是他人，而是电视或者互联网。孩子们要遵循时间表，按照死板的就寝时间上床休息。在一整天的时间里，我们只与彼此、与大地、与自己保持最基本的联系。我们是忙碌的人！

我能感受到，丹诺村的人对自己的重要性十分了解，也清楚自己所受到的友好欢迎。价值感和受欢迎感是相互关联的。在这里，没有人会焦虑自己是不是足够好，因为被接纳是一件毋庸置疑的事。这也不是某种利他主义的做法。对于村庄的可持续发展来说，培养健康而满足的人是十分必要的。每个人都是不可或缺的，因此，每个人的幸福都是至关重要的。一个健康的村庄需要健康的个体；要成为一个健康的个体，就需要一个健康的村庄。它们是彼此的镜像，互相支持。

我在前文提到了羞耻感，因为归属感的不足，这种有毒的情绪得以在我们内心扎根。为了进一步阐明归属感与容易被羞耻感渗透的心灵之间的联系，我想给大家分享一个故事。在马里多马的村庄，我遇到了一位大约17岁的年轻女孩，注意到她的脸上有一道十分明显的烧伤疤痕。然而，她似乎并未因此感到自卑；恰恰相反，她活泼、快乐且外向。有一天，我向马里多马询问关于这道疤痕的事，他说："这是一段令人伤心的往事。在一次暴怒中，她的母亲把开水泼在了她脸上。"我问他之后发生了什么，他说："村民们立刻做出了回应，让这个年轻的女孩知道，刚刚发生的事情与她无关，是她的母亲做错了，而且她被人们珍爱着。"

在那一刻，我对归属感和羞耻感有了一个关键的理解。对我们来说，在这个女孩身上发生的事情并不陌生，许多人都经历过类似的暴力与伤害。但是，这件事的特别之处在于，她背后有一个能够立刻做出反应并驱散羞耻感的村庄。换句话说，发生在她身上的事情仅仅是"表面"的，它没有穿透皮肤成为她生命故事的一部分。尽管她的脸上留下了一道伤疤，但她的灵魂是完整的。她的村庄能够看到她的价值，并帮她牢记自己的本质。

假如没有这样一个能够反映出我们价值的村庄，那么，这些断裂就会在沉默和真空中被诠释，因而，我们就会得出结论，觉得"这是我活该"或者"我应该对此负有部分责任"。在临床工作中，我经常听到这类故事。

这道门还涉及另一个层面的丧失，即我们的人生使命。我们骨子里有一种深藏的直觉，觉得自己是带着一定的天赋来到这个世界上的，是要为社区做贡献的。随着时间的推移，这些天赋想要被看见、被发展，并在需要时被召唤到村庄中。若是能够因为固有的才能而受到重视，我们的价值和尊严就会得到肯定。从某种意义上说，这是一种"精神上的就业"——只需要做自己，就能在村庄中占据一席之地。这是关于天赋的一项基本认知：我们只能通过完全做自己来运用与生俱来的天赋。天赋是真实地做自己带来的——当我们忠于自己的本性时，天赋就会显现。

在这个充满亢奋与压力的现代文化中，我们很少被问及自己为社区带来了什么才能或者天赋。事实上，我们常常被这样问："你是从事什么行业的？"还有更糟糕的问法："你是怎么赚钱的？"我觉得这样的问题很无礼。我们曾被视为社区的宝贵成员，被视为一个怀揣才能的人，如今却变成了不得不谋生的人。没有人问我们："你的灵魂拥有怎样的才能？你能为村庄带来什么？"我们渴望感受到宇宙的意义，希望我们的存在以及我们所做的一切都是重要的。就像普韦布洛印第安人知道，他们在宇宙中负责每天唱歌迎接太阳一样，我们也希望自己是维持这个世界运转的重要存在。这种缺失在我们的心灵中持续存在，成为一种持久的哀伤。我们已经变成了精神上的失业者。

这道门背后隐藏着一种丧失：我们越来越难以感知到真实的自己。几个世纪以来，我们的身份体验已经遭到了根本性的削减，特别是在被技术主导的西方文化中。曾经，我们的身体、家庭、社区、部落、生态和宇宙无缝交融，现在已经被压缩到了一个狭窄的领域。我们像孤立的单元一样生活，偶尔与其他的孤立单元产生短暂的交汇。普遍存在的孤独感意味着，在更广泛的身份认同中存在这种割裂。弗洛伊德将这种丧失视为一种常态，将其形容为现代文化造成的后果。他写道："最初，自我包含了一切，后来，它将外部世界与自身分离开来。因此，现在的自我更像一个缩小的残留物，反映了它与周围世界曾经亲密的关联。它原本是一个更加包容甚至囊括一切的存在。"[①]

每当我和人们谈论这种丧失，他们起先总是觉得惊讶，旋即又

[①] Theodore Roszak, *The Voice of the Earth: An Exploration of Ecopsychology* (New York: Simon and Schuster, 1992), 45.

感到悲伤。人们很快就意识到,他们对"自己是谁"的认知已经被打了折扣。原本广泛的身份认同,与林中的鸢尾花、天上的恒星团、地里的蚯蚓以及全人类都密切相关的身份认同,已经被削减到只剩下一个狭窄的中心点。我们处在孤立的状态,与能够包容一切的社区隔绝开来。我们常常感到一种被驯化导致的重压,它抑制了野性自我的热情和呼喊。规则和条件使这个世界变得单调和平庸,也剥夺和驯化了我们的本性。生命力和活力的减少引发了我们的怒火。这个世界原本充满诗意和旋律,正如诗人费德里科·加西亚·洛尔迦(Federico García Lorca)所说的"深层的世界之歌"(canto hondo),所有的生灵都有着清晰而微妙的韵律,然而,经过驯化,这美妙的一切都被粉碎了,我们也随之变得空洞。

迈克尔·文图拉(Michael Ventura)以一种略带幽默的笔调对这种身份缩减做了精彩的描述。他写道:"你不只是一个人。你是许多人。你是一个以某个名字为代号的社区,囊括了各种情绪和自我。你的一部分甚至不是人类,它们是哺乳动物的一部分、爬行动物的一部分、玫瑰的一部分、月亮的一部分、风的一部分。生命就是哪些部分占主导,或者说哪些部分拥有你的问题。(我认为,走在路上的大多数行人都被自己最沉闷的部分控制了,这种最糟糕的、被控制的状态就是人们眼中的'正常'。)"[1]

被留下一个"缩小的残留物",或者走在"被自己最沉闷的部分

---

[1] Michael Ventura, "An Inventory of Timelessness," *The Sun*, July 1994.

控制"的状态下,是一种巨大的丧失。我们没能享受本可以贯穿一生的丰盈,却在与世隔绝的自我里孤独地活着。里尔克曾提醒我们,或者,更准确地说是督促我们——不要失去世界。

> 啊,不要被隔绝,
> 不要被最微小的分隔隔绝,
> 不要远离星星的法则。
>
> 内在——它是什么?
> 难道不是浓墨重彩的天空,
> 鸟儿在空中飞过,
> 承载着归家的风。[①]

为了不被隔绝,我们需要按照橡树和柳树、心跳和触觉的节奏来生活。我们必须回忆起灵魂最初的节奏。关于放慢速度,我学到的最难忘的一课来自我的导师克拉克·贝里。刚拿到心理咨询师执照时,我还很年轻,深知自己需要跟随一位导师,认真学习心理治疗的艺术。旧金山荣格学院给我推荐了克拉克,以及其他一些荣格分析师。一见到克拉克,我便知道自己找对了人。30多年前与克拉克

---

① 里尔克这首优美的诗提醒我们不要忘记自己的根本需求——保持内在世界与外在世界之间的连接。这两个世界互相渗透,将人们紧密地联系在一起,形成一种持久的亲密。*Ahead of All Parting: The Selected Poetry and Prose of Rainer Maria Rilke*, ed. and trans. Stephen Mitchell (New York: Modern Library, 1995), 191.

的初次会面至今仍令我难忘。当时，我们刚坐下来，克拉克便向左边伸出手，轻轻地触摸桌上的一块大石头，然后说："这是我的时钟。我生活在地质的时间尺度上。如果你想和灵魂一起工作，就要学会这种节奏，因为这就是灵魂的移动方式。"随后，他指了指桌上的一个钟表补充道："它讨厌这个。"跟一位年轻的心理咨询师讲这样一个故事，实在是太妙了。关于如何进行心理治疗以及如何与灵魂工作，这是我学到的最重要的一课。在临床工作中，我与每一位来访者分享了这个故事。我用它来缓解来访者想要立即改变的紧迫感，帮助他们恢复到某种适当的节奏，以便能够再次聆听自己的灵魂。

面对空虚

如果没有在生活中获得这些必需元素，失败感便会油然而生，潜意识便会感到失望，进而演变成一种空虚感。在我的心理咨询室中，几乎每天都有人谈及这种空虚感。我想，能够为这种感觉命名，带到咨询室中去感受它是很好的做法。我们需要把它放置在眼前，而不是让它躲在背后悄无声息地拖累我们，使我们远离他人和生活。

当我第一次有意识地面对自己的空虚时，仿佛是从悬崖上垂直坠落，找不到回去的路。我在一个遍布痛苦和悲伤的大海中漂流，而我唯一能做的就是尝试接纳一切，每天哭泣，并让身边的人知道我正在经历什么。我需要关注并照料自己的脆弱。这口哀伤的深井充满空虚和黑暗，它比我这一生中面对过的任何事物都要幽深。这里没有其他人，没有温暖的双手给我安慰，也没有任何臂膀能给我拥抱和支持。没有任何其他声音能向我保证，我依然与这个世界相连。我感到一种彻头彻尾的孤独。这种感知是不是由某些具体的个人经历引起的并不重要，重要的是，我的确跌入了这个地方，其真实性不可否认。我每天都会哭泣，这是我之前从未经历过的。事实上，我习惯在情感上控制自己，我所构建的生活里只有"已知"。我总是待在光亮的地方和泳池的浅水区，将其他人阻隔在安全的边界之外。我建立了一种充满战略性控制的生活，在这里，我得到了尊重和赞赏。然而，在我跌入这个空虚的深渊后，挡在视线面前的墙被打碎了，我终于能够看清我是如何试图通过限制自己的生活来逃避空虚。无论是什么缘由（也许是一种自我慈悲），总之，我的感知镜头正在被泪水清洗，我终于开始看清，为了保持安全和孤独，我建立了无懈可击的层层防护。

我的故事并非独一无二，许多人都在逃避这种空虚感。面对这种情感真空需要巨大的勇气。开始直面内心的空虚后，我感到了前所未有的脆弱和失控。我虽然被一波又一波哀伤淹没，但却十分感激自己能够直面空虚。这就好比心灵的海底板块发生了位移，一个气囊升至生活的表面。这个气囊包含生命中的一些珍贵片段——我无法处理的哀伤、丧失、背叛和失望。这些情感太过沉重，因此它们从意识中抽离，沉入地下，等待着我有朝一日再次面对它们。当空虚感出现时，社区的臂膀扶持着我，帮助我忍受孤独带来的恐惧。正因为感受到了被抱持和被爱，我才能深入这些黑暗之地。我的心灵一直在等待，直到这个容器足够坚实，能够承受与灵魂生活中的这些碎片进行激烈的对抗。

能够面对自己的空虚是走向自由的关键。在此之前，我们往往会被自己的逃避模式所驱动。重要的是记住，这种空虚并不意味着个人的失败，因为它是更广泛的丧失所呈现的一种症状。当我们放弃了历经数百代人建立起来的旧的生存方式时，也失去了那些能够在身心层面抱持我们的古老传统。在面对哀伤或者丧失时，曾为我们提供慰藉和安全感的心理、情感和文化，已被一种生产焦虑和不安全感的信仰系统所取代。如今，空虚渗透了我们的文化，成瘾、消费和物质主义就是空虚在文化层面表现出来的症状。或者更准确地说，它们是我们为了应对难以忍受的贫瘠感做出的尝试。

空虚，或者说感到空虚，就是在死亡之门附近的荒原上生活。对灵魂而言，这是难以忍受的。我们并非注定要过一种如此浅薄的生活。我们的传统和心理构造旨在提供丰富的想象力，使我们能够与自己的创造力保持深刻的连接。我们本应深入事物的表层之下，像远古的祖先那样去体验生活的深度。他们的人生充满故事、仪式和互相分享，他们对生活满怀热情，无论是丧失、失败、哀伤、痛苦、悲伤和死亡，还是快乐、新生和梦想，一切都无须隐藏。这样的生活正是灵魂所期望的，也是今天的我们所需要的。

一位 25 岁的小伙子参加了我们在南加州举办的年度聚会。为了掩盖苦难在自己身上留下的印记，他采取了各种策略。在这些令人疲惫的模式下掩藏着他的渴望——渴望被看到、被了解和被接纳。聚会上，听到有人称自己为"兄弟"，他流下了最痛苦的眼泪。后来他告诉我们，他曾考虑过加入一个修道院——只为了能听到另一个人喊他"兄弟"。

我们一起举行了一场哀伤仪式。除了这个年轻人外，在场的每个人都体验过这个仪式。看到大家跪在地上表达哀伤，他的心扉逐渐被打开。他哭泣不止，跪倒在地。慢慢地，他开始欢迎那些从哀伤祭坛返回的人，并感受到自己在村庄中的地位得到了巩固。他觉得自己好像回家了。他轻声对我说："我一生都在等待这一刻。"

他意识到自己需要这个社群，他的灵魂需要歌唱，需要诗歌，也需要被触摸。他得到的每一份基本满足都有助于恢复自己的存在。对他来说，这就是新生活的开始。

第五道门：祖先的哀伤

第五道门的哀伤被我称为"祖先的哀伤"。祖先所经历的哀伤在我们身上依然存在，它常常保持沉默，因此不易被察觉。我们的许多祖先离开了自己的家园、家人和社区，历经磨难来到了美洲。他们之中的有些人甚至是被绑来的，来到美洲之后被迫成为奴隶。这几代人总是有一种无家可归的感觉，只能靠与旧的生存方式保持微弱的联系勉强维生。在新大陆上，那些数百年来甚至数千年来滋养并支撑他们的古老传统难以维系。由于生活在新旧两个世界之间，不再拥有村庄的庇护，他们试图创造一些可以帮助自己生存下去的东西。可是，这些应对策略造成了另一层苦难：酗酒、孤立、愤怒和沉默，使得他们与他人的支持隔绝开来。生而为人本该拥有的那些梦想和期待破灭了。在历史长河中逐渐形成的那些丰富而细腻的文化模式，已经被简单粗暴的生存策略所取代。旧的传统已然消失不见，人们的心跳不再与神话、歌曲、仪式以及诗情画意相关。

即使在新大陆上繁衍了许多代，我们的存在中依然保留着祖先的哀伤。随着时间的推移，悲伤变得越来越集中，心灵无意识地承载着它们，成为一种日渐式微的遗产。祖先留给我们的遗产本应是一种祝福，却不幸成为一种沉重的枷锁。几代人的不幸留下了许多未被关注的痛苦。玛雅族的萨满马丁·普雷切特尔（Martín Prechtel）说，未被哭泣过的祖先的灵魂包围着我们。我也在心理咨询工作中见证了这种哀伤。

有时候，来访者身上承载着一种难以辨认但确实存在的悲伤。在探索了诸多可能性之后，我经常请他们留意自己的身体中是否残存着家族史中的某些东西。经过一番思索，他们往往会想起某个与丧失有关的家族故事。它可能是祖父母所经历的创伤，可能是某个家族成员有过被遗弃的经历，也可能是某个家人的自杀在家族的心理地基中引发的余震。我观察到，许多来访者都曾背负着这种家族创伤。哀伤与羞耻交织在家族故事中，引发了一系列令人感到困惑的情绪。恐惧如幽灵般萦绕在心头，他们担心自己也会步祖先的后尘。

我曾与一位女士进行过多年的心理咨询工作，她因自己的身材形象而感到极度困扰。她仇恨和轻视自己，从未觉得自己足够好、足够漂亮或者值得被爱。在我们工作的过程中，某种变化开始显现——伤口的形状变得更加明显了。她开始对与性有关的一切感到恶心。以前的她从未有过这种感受，现在，她甚至无法让丈夫靠近自己的身体。在咨询中，不管是从个人经历入手，还是从文化创伤等角度进行探索都徒劳无功。有一天，我对她说："我觉得这个创伤不属于你，而是属于你的祖先。它正通过代际传递来到你的身体中寻求疗愈。"她思考了一下，随即感受到了来自身体的共鸣。举行仪式似乎是解决这个问题的唯一方法，经过讨论，她决定在接下来的几天里进行尝试。在完成仪式之后，她这样写道：

> 过去的这一年，我一直在探索内心深处那些被忽视和误解的东西，想知道它们是由什么组成的。其中，对我成年后的生活影响最深的便是性和欲望。在我的家族中，女性往往显得十分性冷淡，因为我们被教导，要把这部分欲望抑制并封闭起来。要想成为一个正直的好人，必须先放弃内心当中对情欲的渴望，甚至要憎恨它。
>
> 我逐渐意识到，这是一种来自祖先的诅咒。这个古老的家族谎言被敬若真理，以至于好几代女性的情欲生活都被摧毁了（在很多情况下甚至从未开始）。当我的咨询师提醒我，可以举行一场仪式打破这个诅咒时，我不免感到些许犹豫。我怀疑，举行一场简单的仪式是否真的能够达到这一目的。但我似乎又明白，灵魂的工作只能在灵魂层面完成。
>
> 在创造属于我自己的仪式时，我尽可能地排除意识思

维，仅凭直觉去行动。不知何故，我觉得地球是这场仪式中不可或缺的重要组成部分。我需要大地，需要实实在在的尘土、沙土或者泥土。我还需要水——一大片水域。地球拥有女性的情欲能量，这正是我想要在自己的生命中召唤的事物，所以我需要与地球建立某种神圣的连接。而且，我确信，要想建立这种连接，需要在她的水域中浸润。于是，我决定前往一个空旷的海滩。我坐在沙滩上，一笔一笔地写下我想要忘记的旧故事。只要思维持续涌现，我就不停地写下去。这个仪式使我的身体产生了相当强烈的反应，我边写边出汗，甚至感到恶心不已，以至于不得不跑到洗手间。仿佛在我能够意识到之前，我的身体就已经准备好要把这个诅咒所编织的谎言排出了。之后，我用记号笔在一块大石头上写下了诅咒，并将其放置在一旁。在我的计划中，写作这一环节本该就此画上句号，但当我真的做完这一切时，我发觉我还有更多的东西想要表达。于是，我重新打开日记开始写作，将我在生活中深藏的对女性情欲的渴望倾注其中。我写下了一些从未允许自己想过的话，第一次以白纸黑字的形式将它们呈现在世间。新故事写起来比旧故事要困难得多。一开始，我对我的幻想感到尴尬，对我使用的"肮脏"和"不妥"的词语感到羞愧。但是，随着我不断地书写，这些词语——我的真实——变得越来越容易浮现，甚至能够顺畅地流动起来了。我一直携带的羞愧和尴尬已经不再是我感受到的主要情绪了，相反，我感到兴奋和渴望，觉得自己浑身上下都充满妙不可言的能量。这些感觉微妙而又有些"安静"，但它们确实存在着！当我的笔停下来时，我知道，仪式的这一部分总算真正完成了。

我拿起那块石头，脱下衣服，走进海浪中。我把它扔得尽可能远，然后让水把我包围。或者，更准确地来说，我想用"轻抚"一词来形容这一刻。海水轻抚着我的整个身体，这是我人生中第一次没有把"被触摸的快乐"从我的脑海中推开。我放声大笑，紧紧地拥抱着这份快乐。我朝着太阳伸出双臂，带着它一起旋转和跳舞。然后，我面朝下躺在潮湿的沙滩上，用沙子的粗糙表面摩擦自己的每一寸肌肤，然后翻过身来，以同样的方式摩擦自己的背部。我把胳膊和腿伸展开来（就像做雪天使一样）[1]，感受到地球及其能量稳稳地托举着我熠熠生辉的身体。在那一刻的神圣接触中，我意识到自己拥有与地球完全相同的性感天性。所有的能量和女性情欲都存在于我内心，我的天赋以及我的灵魂使命恰恰就是要拥抱并完全活出我的情欲生活。

这真的很神奇，因为在生活中的大部分时间，我都与

---

[1] 雪天使指的是在雪地里摆动自己的双臂和双腿，形成一个天使图案。——译者注

大自然保持着交流，也曾有过许多神圣的领悟时刻，但我从未有过如此深刻而持久的体验。更出乎我意料的是，我花一个下午想出来的简单的小仪式，居然真的能够改变那个贯穿我一生的与羞愧、内疚和否认有关的故事。从海滩上站起身来的时候，我的内心发生了变化。我的意思是，我站立的方式真的和以前不一样了。我感到自己无比轻盈又无比充盈，我在我的身体里更加临在。但更重要的是，我觉得自己很性感，我真的相信自己的身体是美丽、完美而性感的，它值得我进行赞叹和欣赏。仪式结束已经 2 个月了，无论多么难以置信，但我的确从未再次陷入旧故事之中。我今年 38 岁了，但这是我人生中第一次以敬畏和感激的心态看待和触摸自己。

照顾好祖先未曾消化的哀伤，不仅能使我们过好自己的生活，还能缓解另一个世界中祖先的苦难。在我的心理咨询工作中，有一位年轻人曾背负着一种无法解释的羞耻感。我们已经就这个问题探索很长一段时间了，有一天，我突然想问问他是否了解父母或者祖父母的一些故事，也许是这些故事让他产生了羞耻感。他几乎立刻就想到祖父有酗酒问题。他从未见过自己的祖父，而且，家里人也很少谈论这个重要人物。经过进一步探讨，他能感觉到自己的家庭在拒绝承认这个人，并为其感到羞愧，以及这种羞愧是如何在他年轻时"传染"了他。他渐渐意识到，他所背负的羞愧并不属于自己，而是他的家族因这个有酗酒问题的家庭成员而感到的羞耻。

有时，祖先的哀伤不仅与家族有关，还与我们的集体文化有关。无数个曾遭受严重伤害的个体，在我们集体的灵魂中留下了他们的哀伤。欧洲殖民者抵达新世界时，对原住民进行了惨无人道的种族灭绝，这份沉重的哀伤一直都在。奴隶制留下了可耻的遗产，南北战争的杀戮场也刻下了许多伤痕。它包含世界各地许多文化所经历的苦难，这些文化遭受了灭顶之灾，只因它们的步调不符合"进步"的洪流。这一切都压在我们的心灵之上，沉重得令我们喘不过气来。作为一种文化，我们要做的太多了：我们可能需要举行许多哀伤仪式，与这片土地上的美洲原住民、被奴役的非洲人后裔以及遭受严重破坏的土地和解，如此才能逐渐治愈这种挥之不去的悲伤。暴力造成的长期阴影仍然存在于我们心中，我们需要直面它，直到针对这些错误进行真正的赎罪。这正是史蒂芬·莱文所说的"被隔绝的痛苦"（sequestered pain）的一部分，它一直在生活的背景中发出持续的哀鸣。

祖先的哀伤与围绕着祖先的丧失有关。如今的我们，不再试图通过祖先与这个世界中的无形力量建立连接。从现实的角度看，我们已经失去了与祖先的土地、语言、想象力、仪式、故事以及歌谣的联系，因此感到无家可归。在对进步的迷恋和对新事物的依赖中，我们否认了这种哀伤。在压力之下，我们的祖先不得不融入美国文化，并放弃与旧世界的联系，因而产生了哀伤。比如，我的父母是德国移民的后代，但却很少使用旧语言，除非他们需要在对孩子保密的前提下与彼此讲话。这种传承和历史似乎是需要隐藏的。我感到困惑，为什么这种秘密的、特殊的语言不是我的世界的一部分。要想治愈这种祖先的丧失，需要重新与被遗忘的血统建立连接。于是，我在自己的生活中做了这样的尝试。渐渐地，我在古日耳曼人的神话和故事中感受到了一种丰富性，发现他们与这个生生不息的地球有着直接的连接。对祖先的这种认可和连接，也为我自己的生活提供了定心丸与修复剂，使我终于能够与更加广阔的世界建立更深入的联系。我们每个人都可以对祖先的灵魂进行回溯，借由他们，我们的灵魂便能在这片土地上扎根，真正成为这片土地的原住民。

☆ ☆ ☆ ☆ ☆ ☆ ☆

哀伤还有许多其他通道，能够形成更多的门。比如，我们所熟悉的创伤，可能就需要单立门户。当我们遭受暴力时——无论是经历战争、自然灾害，还是因强奸、威胁或者袭击而导致身体和灵魂遭受伤害——为了生存，我们的一部分会分裂出去。这样做虽然能够帮助我们继续生存下去，但也给我们不可或缺的完整性造成了一种丧失。创伤总是与哀伤相伴，尽管并不是每种哀伤都带有创伤。因此，哀伤工作是解决创伤的主要因素之一。尽管哀伤有许多门，但最终，所有门都通向同一个大厅——共同的悲伤前厅。无论我们打开哪道门，跨过哪个门槛，都没有区别。我们每个人在每道门上都有哀伤。假如我们感到犹豫，或者不确定自己是否够格面对这些悲伤，那么，知晓这些门的存在，可以给我们提供一种方式与丧失、伤痛和失望建立连接。

我们常常否认自己的哀伤，因为它看起来不如别人的哀伤严重。是啊，怎么能将我们的悲伤与战争、龙卷风、飓风、海啸以及赤贫带来的破坏相比呢？可是，一旦将自己的哀伤与我们以为的远比自己糟糕得多的情况进行比较时，就很容易忽视自己的哀伤。然而，那毕竟是我们自己的哀伤，我们必须相信它是值得关注的。无论我们的哀伤采取何种形式到来，我们都必须欢迎它。哀伤是一种全人类共通的情感，也是我们的集体纽带。向悲伤敞开心扉，能够将我们与每个人以及每片土地紧紧地连接在一起。没有任何善举会被浪费，也没有任何慈悲是无用的。对自己眼前的每一份悲伤都心怀宽容，是一种神圣的工作。

第四章

悲伤的故事：复苏仪式

破碎的心容得下整个宇宙。

——乔安娜·梅西[1]

---

[1] 乔安娜·梅西（Joanna Macy）是一位美国学者、环境保护家、作家和佛学家。——译者注

在非洲的卡拉哈里沙漠中，生活着一群昆族人[①]。为了照顾族人们的需求，也为了呵护整个社区，他们每个月都会聚在一起至少4次，举行疗愈仪式。仪式通常持续一整夜，用来医治生病的族人、应对丧失，并定期维护整个族群的健康。

黄昏时分，当女人们围坐在篝火旁边唱歌边拍手时，仪式便拉开了帷幕——是时候开始跳舞了。随着夜色渐深，能量也开始积聚。最终，一位或多位舞者体内充满来自宇宙的疗愈能量"纳姆"（Num）。纳姆是一种极其浓烈的情感体验，能给人带来一种压倒性的痛苦，就像与闪电亲吻似的。纳姆降临时，舞者浑身颤抖，在强烈的兴奋状态中伏倒在地。一旦与纳姆接触，它的能量便会转移到那些生病或者哀悼的人身上，从而实现疗愈。舞者们甘冒风险与纳姆接触，并非为了自己，而是为了整个社区。在仪式中，每个人都被触动、被抱持，也都被安慰到了。这是一个亲密而深情的时刻。随着仪式的结束和黎明的到来，每个人都感到愉悦，村庄也焕然一新。人们定期拜访这样的疗愈之地，以便在身体、灵魂和社区层面都保持健康。

与昆族人类似，纳瓦霍人[②]也常常举行疗愈仪式。纳瓦霍人有着独特的世界观和宇宙观，疗愈便是其中的重要组成部分。他们举行

[①] 昆族人（!Kung），又称昆人或桑人等，是一个散布在非洲多个国家的族群。——译者注
[②] 纳瓦霍人是美国西南部的原住民。——译者注

的是一种恢复平衡的仪式,也是回归美丽的过程。在纳瓦霍文化中,经济、科技或政治都不是重点,"美"才是他们的核心原则。正是通过美,各种各样的关系才得以维持。假如美有所缺失,甚至被遗忘,人们就会生病。

在纳瓦霍人的疗愈仪式中,社区成员们会密切地参与整个过程,一起制作精密的沙画。沙画描绘了与疾病相关的神灵、地点和事件,人们通过吟唱来讲述具体的故事。在社区的见证下,沙画中的神灵会直接与个人和社区进行互动,疗愈也随之发生。

因此,对他们来说,疗愈是通过仪式召唤美和恢复美的过程。身患疾病的虽然是某个个体,但强大的家庭和社区大大拓宽了疾病的背景,将整个村庄都囊括在内。显然,大家深知,每个人都受到了疾病的影响。这是一剂强有力的良药,它使个体不必孤零零地承受疾病的负累,很好地解决了西方思维的一个主要顽疾——人们总是独自承受一切。

想象一下,当悲伤降临或者疾病缠身时,如果我们知道自己所在的村庄会回应我们的需求,我们会体验到怎样的解脱感。村庄的回应并不是出于怜悯,而是基于这样的认识——每个人都有生病的时候,而且我们需要彼此。正如原住民所认为的,当我们之中的某个人生病时,意味着我们所有人也都生病了。进一步思考这一点,我们会发现,在很大程度上,疗愈就是重新与社区和宇宙建立连接。许多研究都证实了这一点,当人们感受到与社区的连接时,身体的免疫反应会增强。通过定期延续和加固归属感的纽带,我们就能保持健康和完整。

几乎所有原住民文化都会通过仪式来维系社区的健康,这也是其传承千年的关键所在。仪式能使我们与彼此、土地以及看不见的精神世界保持调谐,帮助我们更好地满足灵魂和文化的需求。因此,要进入疗愈之地,我们需要学习仪式。仪式是一种已经被遗忘的语言,更是我们生来就注定要去理解和使用的语言,因此,我们需要重拾自己本就拥有的仪式素养。

为了能够充分地释放我们所承载的哀伤,仪式提供了两样东西:涵容(containment)和释放(release)。仪式的涵容为哀悼者提供了一个抱持空间,能够让他们在一个安全的地方进入哀伤的更深处,去了解已知和未知的悲伤。我曾在非洲的葬礼仪式中见证过这种美好的涵容。社区通过优雅的编舞将哭丧者、舞者、鼓手、歌手以及见证者聚在一起,在 3 天的时间里,围绕丧亲者的需求提供了一个抱持的环境。这种抱持能够使深陷痛苦的人彻底顺应哀伤的要求。为了逝者,所有的一切都被毫无保留地投入到另一个世界。他们相信,如果不哭出一条泪河,逝者就无法抵达祖先的土地。

如果缺乏这种极具深度的社区,便很难找到一个安全的容器,于是,我们会自动成为自己的容器。然而,此时的我们没办法进入哀伤的深井,不能将我们所承受的悲伤完全释放出来。于是,我们不得不重新回收哀伤,将其拉回到身体中。在我的心理咨询工作中,来访者们经常告诉我,他们习惯在私下里独自哭泣。我问他们,在这个过程中,他们是否允许自己的哀伤被他人见证和分享。通常,他们会迅速地反驳说"没有,我不能这样做。我不想成为别人的负担"。于是,我会进一步询问,如果朋友带着自己的悲伤和痛苦来找你,你会有什么感受?来访者们回答说,他们会感到荣幸,并且愿意为朋友提供陪伴和支持。显然,这里存在着一种巨大的脱节——我们愿意为他人付出,却不认为自己能向他人提出任何要求。可见,在哀伤时,我们需要恢复向他人求助的重要权利,否则,哀伤会被我们持续不断地回收再利用。哀伤从来都不是私人的,它一直都是属于集体的。潜意识里,我们在等待他人的出现与陪伴,以便能安心地在悲伤的圣地中俯身长叹。

心理治疗师米里亚姆·格林斯潘（Miriam Greenspan）使用"相互脆弱"（intervulnerability）这个术语来描述这种共同的抱持空间。在一次采访中,当被问及这一概念时,她回答说：

> 当我说我们是"相互脆弱"的,我的意思是,无论是有意识的还是无意识的,我们都在共同承受苦难。在爱因斯坦看来,认为人有"独立的自我"是一种"意识的光学错觉"。马丁·路德·金说,我们都被连在了一个"无法逃避的相互关联的网络"中。我们试图用盔甲来保护自己免受痛苦,但在这个网络中,我们根本无路可逃。而且,在使用盔甲的过程中,我们的生活和意识也被削弱了。尽管如此,在相互脆弱中也蕴藏着我们的救赎。其原因在于,认识到苦难的共同性之后,我们便能够寻找治愈整体的方

法，而不是将自己封闭在个人主义的泡沫中，不断地进行否认。纵观历史长河，在当下这一时间节点上，我们似乎只有两条路：要么走向自我毁灭，要么努力找到一种方法，共同建立可持续的生活。①

如果我们能够张开双臂欢迎悲伤的到来，那么，内心的坚硬之处便会逐渐舒展开来，使我们重新感受到与周围一切生灵的亲密连接。这是一种深层的行动主义，也是一种灵魂的行动主义，鼓励我们去感知这个世界的泪水。哀伤使我们的心保持灵活、流动和开放。因此，它能够有力地支持我们践行各种形式的行动主义。我在工作中接触过许多投身于社会公正、生态保护以及其他形式的行动主义的人士。其中，一位60多岁的男士分享说，每天早上5点钟醒来时，他都会对这个世界忧心忡忡。长期积压的哀伤变成了沉重的负担，扼杀了他的行动力。参加完我在他家乡举办的一个哀伤仪式后，他心头的重压终于得以解除。我们的行动主义与心灵回应世界的能力直接相关。假如一颗心充满未被表达的悲伤，它便无法对世界保持开放，也无法全然地投入到当下需要的疗愈工作中。

---

① Miriam Greenspan, "Through a Glass Darkly: Miriam Greenspan on Moving from Grief to Gratitude," by Barbara Platek, *The Sun* 385 (January 2008): 11.

仪式提供的神圣空间

在仪式所提供的神圣空间里，我们能够在最大程度上识别和承认自身所承受的哀伤。只不过，在当代文化中，我们对仪式知之甚少，不知道它如何帮助我们释放长久以来积累的悲伤。

人类是仪式的生物，举行仪式的历史已达数万年之久。在古代墓葬遗址中，死者身旁常常有一些精心摆放的器物，比如，覆盖着赭石且经过雕刻的骨头，在死后的世界狩猎用的燧石、食物以及装饰用的珠子。也许，失去亲人的哀伤恰好激发了我们的第一次仪式行为，仪式里的某种东西深刻地引起了我们内心深处的共鸣。仪式是一种"比语言更古老的表达方式"，它依赖的不是言辞，而是手势、节奏、动作和情感。从这个意义上说，仪式触及的是比语言更原始的东西。

在心理结构的深处有一种创造仪式的冲动，以帮助我们承受日常生活中的压力。在人类的大部分历史中，仪式能够帮助社区应对疗愈需求，使人与居住地的关系得以延续。经过代代相传，个人、社区和土地之间形成了一种以仪式为中心的"呼应"，来维护这个世界的生机。如今，由于缺乏社区仪式来维系和支持我们的心灵生活，我们常常无意识地陷入仪式化的行为之中，但这些行为还不足以成为滋养灵魂的实践，它们与真诚的仪式所蕴含的艺术性与复苏能力形成了强烈对比。因此，我们要么有意识地参与仪式，从而与灵魂、社区、自然以及神圣保持连接，要么陷入成瘾、强迫或者某种程式化的重复模式。

什么是仪式？

简单来说，仪式是个人或者团体有针对性且饱含情感地将自身或者社区与超个人的能量连接起来，以实现疗愈和转化。仪式是一种音调，能将个人和集体的声音（渴望和创造力）延伸到生命中那些无形的维度，超越我们的意识思维，进入自然和精神的领域。

仪式是一种直接的认知方式，是心灵与生俱来的本能。它伴随我们一同发展，将知识深深地植入我们的骨髓，融入我们的存在。我认为，仪式是一种具身过程（embodied process）。作家兼仪式引导员 Z. 布达佩斯（Z. Budapest）说："仪式的目的是唤醒我们内心的古老智慧，让它发挥作用。我们内心深处的那些古老存在——集体无意识、累世的智慧、那些永恒的存在，以及被忽视的那部分感官和大脑区域——不会说英语，也不关心电视，但它们懂得烛光和色彩，懂得大自然。"[1] 仪式是最原始的艺术形式，它将个人与集体编织在一起，帮助我们直接与更广阔的世界连接。

仪式从大地中升起，穿越基岩和土壤，进入本地居民的想象力之中。从这个意义上说，随着仪式的演化，它逐渐能够反映出人们生活的全部背景——地形、动植物、集体创伤、气候模式、故事和神话、集体的苦难与信仰。这些元素结合在一起在梦境中浮现，迫切需要通过仪式的形式表达出来。仪式还反映了社区的共同价值观

---

[1] Z. Budapest, quoted in *Sacred Land, Sacred Sex, Rapture of the Deep: Concerning Deep Ecology and Celebrating Life*, by Delores LaChapelle (Durango, CO: Kevaki Press, 1988), 146.

和神话体系。尽管我们可以从原住民文化中学习仪式的形式及其作用方式，但我们不能简单地把他们的仪式照搬到我们的心灵中。重要的是，我们要再次深入倾听大地的梦呓，并创造出属于我们自己的仪式，来反映我们独特的创伤以及与大地失去连接的状态。这些仪式有足够的力量修复那些破裂的连接，治愈那些被忽视的伤痛。由此，我们得以回归大地，并对我们伤害过的事物做出最深刻的补偿。

仪式能够处理诸多问题，比如疗愈哀伤、表达感恩、进行启蒙、达成和解、保护地球、祈求和平。这些主题在全世界范围内都是普遍存在的，但它们在不同的文化中有着不同的表达方式。比如，尽管基本意图相同，但昆族和纳瓦霍族的疗愈仪式有着截然不同的表达方式。这反映出每片土地、文化和神话都各具特色，每种文化对疗愈都有自己独特的理解。

正如我在前文所提及的，仪式为哀伤工作提供了基本要素，帮助我们应对哀伤。值得指出的是，仪式提供了必要的结构，以容纳悲伤的爆发。它可以将沉甸甸的痛苦和情感转移，帮助我们放下部分负担，并在我们心中唤起一种敬畏感和神圣感。当然，并非每一次丧失都需要举行仪式，但是，我们承载的每一种哀伤都值得借助仪式得到持续的关注。

仪式的目的

仪式能够对人们产生各种各样的影响。首先，它能够使我们打开心扉，接触到更加广阔和奇妙的世界。正如神话学家约瑟夫·坎贝尔（Joseph Campbell）所说，仪式的首要功能是使我们更加接近并感知"超越"（transparent to the transcendent）。它培养了我们与伟大奥秘的联系。仪式能引发特定的振动和音调，激活心灵，使个人或者集体与神圣的事物连接。在仪式创造的空间中，通过动作、节奏、情感表达和注意力的引导，我们便开启了通往神圣的大门。在我们举行的每一场哀伤仪式上，都洋溢着明显的神圣氛围。我们呼唤这种神秘的存在，以应对个体无法独自完成的工作。神圣之地能够成为一个更大的抱持空间，使社区在此完成相应的工作。

其次，仪式具有修复功能，能够弥合日常生活中出现的灵魂裂痕。我们的文化早已将灵魂的基本需求遗忘。在当下这个被机械节奏所主宰的世界中，灵魂的修复显得尤为重要。当我们不得不屈从于压力，努力适应这个快节奏的社会时，属于人类的自然节奏便被撕裂了。为了跟上文化的步调，我们消耗了大量的精力，因此常常感到身心俱疲。面对情感生活中频繁出现的裂痕，我们缺乏基本的恢复和治愈手段。非洲疗愈师和智慧长者索梅认为，仪式是"反机械"（anti-machine）的。仪式能够记住并重塑我们的内在节奏，使其再次与灵魂更深处的抑扬顿挫相契合。仪式能够恢复我们的心理基础——在仪式创造的空间里，我们能够记起该如何与他人以及大自然携手过上一种有意义且充满活力的生活。生活在吞噬灵魂的文化里，尤其是在危机时期，我们必须掌握这种回归灵魂的方式。

我曾与社区共同应对一场深刻的创伤。某天夜里，我接到一位女士的电话，得知她和女儿经历了一场可怕的车祸。当时正下着雨，能见度非常低，女儿开车带着母亲行驶在附近的一条道路上。这时，一位男士突然走到了道路上，出现在车前。在当时的情况下，女儿根本来不及避开他。她们急忙下车，一个人跑去寻求帮助，另一个人则留下来安慰那位男士。不幸的是，当救援人员赶到时，他已经去世了。这是一场突如其来的悲剧。

这两位女士正在参加我带领的一个村庄仪式培训。幸运的是，我们原计划于次日进行第二次全天教学，于是，我在电话中建议她们按计划来参加培训，我们会尽力帮助她们应对这一突发事件。她们同意了。随后，我请她们比平时晚到约1个小时，届时，我们将作为一个社区一起处理她们的创伤。

第二天，我在培训现场向大家说明了这件事，并强调，我们需要为这对母女提供紧急支持。我们决定为她们设计一个疗愈仪式，帮助她们恢复情绪的平衡。当她们到达仪式现场时，女儿浑身发抖、脸色苍白，显得十分茫然无措。我们为她们精心设计了一个温馨美好的疗愈过程，包括安抚性的触摸、洗手洗脚仪式以及充足的拥抱。我们还使用了一些跨文化的疗愈方式，比如用鼠尾草做熏香、用迷迭香枝条刷拭身体，以及在她们身上涂抹灰烬。鼠尾草用来净化心灵空间，迷迭香用来清洁能量场，而灰烬在许多文化中都能提供保护作用。

几个小时后，两位女士的身体逐渐回温，她们的灵魂也重新焕发了生机。这场事故本来极可能引发严重的创伤后应激障碍，但在仪式的帮助下，情况得到了缓解，转化为一种可以忍受的哀伤和难过。

仪式结束时，她们感到十分饥饿——这是一个相当积极的信号。随后，大家一起分享了食物。通过这次深刻的体验，我们这个社区的纽带变得更加紧密。在此，仪式的修复作用得到了充分展现。

仪式的第三个功能是唤醒心灵中被否认和遗忘的部分，也就是被抛弃的那部分自己。仪式提供了一个足够强大的空间，可以容纳我们在生活中未曾得到发展的部分，使其变得成熟。这种可能性之所以存在，是因为仪式创造的安全空间能够容纳与心灵的这些部分相关的强烈情感。这是仪式的一个关键功能。然而，唤醒心灵中受伤、被忽视和被拒绝的部分具有一定的风险。因为随着这些部分的回归，相应的情感也会得到释放。如果没有足够的抱持空间来容纳这些部分，我们便无法让它们真正回归家园。心理学家罗伯特·摩尔（Robert Moore）写道："深层的结构性变革需要一个可靠的心理社会框架（psychosocial framing）提供一个抱持环境，帮助个人和群体承受变革所带来的恐惧，以及随之而来的痛苦真相和情感。"

仪式试图使被压抑的事物显露出来，这也是我们对它感到畏惧的原因。我们通过人类的本能了解到了仪式的力量，明白它能够打破生活的秩序，而这正是我们需要它的原因。

生活中被压抑的部分往往蕴含着强烈的能量。一位男士希望通过疗愈仪式来处理自己的绝望和抑郁。他一直在悄悄地酗酒，并且非常擅长隐藏这一秘密。然而，当仪式开始时，被埋藏起来的这部分灵魂迅速浮现，迫切需要被看见。我们邀请他分享更多，试着了解酗酒如何像虹吸效应般消耗他的生命，摧毁他的工作和婚姻。他试图以一种咆哮的姿态将我们推开,但我们并未屈服。在那次仪式中,他的内心发生了某种转变,被流放的哀伤终于在巨大的哭喊声中迸发出来。

在仪式创造的空间里,我们内心的某些东西会被激发,与更大、更有活力的元素相结合。我们还会从某些集体约定的限制中解脱出来,比如,不在公共场合表达情感,不让他人为我们的烦恼操心,以及在痛苦中保持坚忍和克制等束缚,将不再对我们起作用。这种解脱让我们得以更加充分地表达自己。这既令人感到自由,也令人感到害怕。在仪式创造的空间里,我们变得鲜活、暴露和透明。虽然这正是我们所需要的,却也是我们所畏惧的。

几年前,我在加州奥克兰市的一所大学教授一门名为"找回我们的原住民灵魂"的课程。在第一次课上,我打起鼓来,邀请学生们起身跳舞。课后,一位70多岁的修女学生走过来问我:"我们可以私下谈谈吗?"我说:"当然可以。下周我早点来,到时候我们可以聊聊。"她停顿了一下,然后问:"今天可以吗?"我说:"先让我打几个电话看看。"打电话安排好其他工作后,我们在一个小房间里坐下,谈论她的情况。她说:"当你开始打鼓时,我突然想起了多年未曾想起的往事。那时我才15岁,刚来到修道院几个星期后,我父亲便去世了。院长嬷嬷把我叫进办公室,告诉我这个消息。她对我说:'你可以去参加葬礼,但一旦离开,就不能再回来了。相反,如果你选择留下,就不能再哭了。'我选择了留下。那时的我每晚都会躺在床上颤抖,拼命忍住眼泪。而当你开始打鼓时,这一切都涌了回来。"

听着她讲述自己的故事，我的心都要碎了。我向她保证，两周后我们会举行一个相关的哀伤仪式。之所以不能更早进行，是因为，要想全班一起举行深度的哀悼仪式，需要做好充足的准备。但与此同时，我鼓励她将这些感受分享给她的同学。

第二周，我们开始为仪式做准备。每个人都有故事要分享，那是他们未曾触及和处理的丧失。接下来的那一周，我们设置了一个祭坛来承接大家的悲伤。我们进行了祈祷，踏入了几十年来都未曾触及的悲伤之地。这位女士多次走向祭坛，甚至躺在地上痛哭流涕。60多年过去了，她终于能为父亲的去世哀悼了。这是一个充满慈悲的疗愈时刻，每个人都身处其中，共同体验这一份感动。最后一次走向祭坛时，她没有再哭泣，而是静静地坐在那里，像石头一样沉默。在大家分享了各自的经历后，她说："最后一次走向祭坛时，我看到一位美洲原住民妇女抱着一个孩子，而那个孩子就是我。这是我第一次感到自己属于这里。"

仪式能够承载我们的故事中那些被长期遗弃的碎片，使它们重新变得完整。仪式拥有足够的力量和弹性，来容纳我们无法独自承受或者面对的事物。正如这位修女的故事所展示的，为这些埋藏在心灵深处的碎片哀悼，任何时候都不算晚。

进入疗愈的领域，意味着踏入另一种现实。在这个空间里，现实中的共识规则变得模糊，其他的可能性得以出现。常见的社会约定——比如，人们不会在一起哭泣，也不会在悲伤时拥抱彼此——在仪式空间里不再适用。仪式向心灵传递信号，表明另一种秩序已然建立，不一样的行为方式和社会互动正在悄然发生。例如，虽然我们在通常情况下不会一起哭泣，但在跨过哀伤仪式的门槛后，这种做法却变得自然且合适。我们进入了个人生活与无形的精神世界之间的交汇地带。这是一个充满变化的空间。

无论是因为恐惧、哀伤、愤怒或者羞愧，还是因谋杀、自杀或者战争而失去一些年轻人后，社区都会变得支离破碎。此时，仪式能够提供必要的元素，帮助我们转化心灵的重负。无论我们的心灵承载的是什么，都会引发强烈的情感反应，都需要一个能够容纳和处理这些情感的抱持空间。仪式提供的空间能够帮助我们触及当下存在的强烈情感。我们时不时地需要仪式带来的热量，把这些情感状态烹饪和转化成新事物。

仪式还满足了我们的一种深度需求——真正地被"看见"。要想以具身、开放且脆弱的方式融入世界，"得到关注"是一个必要条件。持续的关注具有一种神圣的意义，可以加深所有在场者之间的联系。我常常在仪式空间中看到，个体能以种种非凡的方式展现自己。这种透明度带来了一种强烈的慈悲感，因为它消除了所有的掩饰和虚假的策略，将灵魂中原始和赤裸的部分展现在社区面前。我记得，在一些仪式中，那些总是退缩的人最终找到了勇气，在仪式快结束时走向哀伤的祭坛，释放出因痛苦和苦难而积聚的愤怒。每一个人都双手捶地、大声呼喊，甚至哭泣和颤抖。他们一直在等待这种深度的被"看见"，以便毫无保留地袒露灵魂深处所承载的重负。

有时，在独自与痛苦相处多年后，来自外界的深度关注能够彻底改变我们的世界观。一位女士在参加哀伤仪式后特意联系了我们，分享了这种被关注的体验如何改变了她的生活。她说，在参加仪式前，她感到极度恐惧，甚至不确定自己能否坚持下来：

> 我从未想过，原始而炽热的哀伤和悲伤竟能唤起陌生人最柔软、最慷慨、最有慈悲心和爱心的一面。这一切太美好了。我会将这段经历铭记在心，直到生命的尽头。我看到，在被痛苦和哀伤笼罩的黑暗角落里，也有着非常美丽的事物。苦难驱使我们前行。假如在你找到一个出口来释放内心最深处的愤怒和痛苦时，还有另一只手伸出来握住你的手，那么，一切结束后，你会感受到一种充满幸福的平静感。其实，你的丧失并没有发生任何改变……它依然存在。但你与它的关系已发生了巨大的变化。你不仅被倾听，还被温柔地抱持着。你得到了解脱。这之后，你可以再次敞开心扉，在那个被摧毁之地重建一切。

仪式的目的在于引导我们进入一个特殊的地方，从而以某种方式处理生活中的困境，实现某种转化。它们能够将我们从停滞不前的状态中解脱出来，进入一种全新的生活状态。

虽然我们中的大多数人很难去触碰自己的悲伤，但我们中的有些人可能会觉得自己已经迷失在其中，仿佛哀伤已经永久地驻扎在我们的心灵和灵魂深处了。此时的我们好像被困住了，无法摆脱萦绕着我们的悲伤情绪。哀伤演变为一种身份，一种在世界中定位自己的方式，甚至变成了一个藏身之所。

我曾遇到一位来访者，他的妻子在大约8年前死于癌症。显然，他仍然对她的去世感到极度哀伤。然而，有些迹象让我怀疑，他可能在无意识地利用自己的哀伤来逃避这个世界。我并没有假设这是他有意识的决定，但是，有一天我忍不住对他说："我觉得你正在哀伤中隐藏自己。当然，我没有权利对你这样说，毕竟你的丧失是真实的。但我有一种感觉，你似乎找到了一个藏身之所。"我不知道自己期待什么样的回应，但他的内心似乎认同了我所说的真相。他开始意识到，对哀伤的执着使他免于再次去爱，也不必冒险进入一个可能会再次伤害自己的世界。进一步探讨时，我们强烈地意识到，需要找到一种方式帮助他朝着重新融入世界的方向前进。于是，我们安排了一场他的社区也参与其中的仪式，并为这场仪式做了必要的准备。

我请他收集一些代表婚姻的物品——一些他愿意在仪式中焚烧的东西。他找到了几样东西，并将它们放到社区中另一位男士制作的小棺材里。他还写下了一份关于"悲伤的日子"的清单，罗列了与妻子病情相关的那些宿命般的日子：确诊癌症的那一天、告诉孩子们这个消息的那一天、医生宣告病情进入晚期的那一天、妻子住院的那一天以及她去世的那一天。他还列出了"快乐的日子"：他们结婚的那一天、孩子们的生日、妻子的生日以及他自己的生日。最后，他写了一份声明，准备在当天晚上的仪式中分享。

在一个满月之夜，我们相聚在山上，点燃了两堆篝火。第一堆篝火用来接收棺材、悲伤的日子以及他的眼泪，他需要在这里放下哀伤。篝火前的他哭泣着告诉亡妻，他必须继续自己的生活。月光下的这一幕十分温柔动人。过了一会儿，他感觉到自己已经准备好继续前进。我让他站起来，去感受周围的世界：月升的清辉、日落的灿烂、火焰的跳动以及环绕着他的万事万物。我对他说："这是你的家，是你生活的地方。你不能活在她的世界里，你活在这里。"他点了点头，离开眼前的这堆篝火，转身走向我们在两堆篝火之间设立的一个门槛。那是一个象征性的边界，树立在他即将告别的旧世界与即将重新踏入的世界之间。他跨过这条线，走向第二堆篝火，在那里分享了"快乐的日子"和"活下去"的宣言。最后，他打碎了一个象征旧协议的物品。此刻，他感受到了自由。正如威廉姆斯所说："哀伤让我们再次拥有爱的勇气。"

仪式结束几个月后，我联系他询问近况。他告诉我他已经开始约会，并且以新的方式重新进入了自己的世界。仪式为他提供了一条重返生活的路径。

深度仪式的一个核心优势在于，它能引导我们进入一种失序（derangement）状态。这个词乍听起来很不祥，容易让人联想到失控的男人和女人手持武器制造恐怖。但我说的"失序"仅仅是一种超越常态的方式，它能让我们重新感知自己与世界的关系。仪式邀请我们充分表达长期被压抑的情绪，而哀伤尤其需要一种深度的释放——沉入那汇聚已久且渴望得到释放的悲伤之井中。要想做到这一点，我们必须进入一种特殊的状态。失序是必要的，因为我们当前的情感秩序（arrangment）并不奏效。我们常常过度控制、过度警觉、自我意识过强，并且害怕向他人袒露真情实感。经过这样的精心安排，我们与生活之间的关系变得极为束缚，无法在面对丧失时从社区获得所需的支持。当我们跨越门槛，进入仪式的疗愈之地时，便进入了一个允许我们真实地展现自己的空间。这一举动启动了秩序的重排，使我们更加靠近灵魂的真实本质。体验过仪式之后，我们不希望自己依然如故——我们走进仪式的土地是为了改变自己。

当社区成员们聚集在仪式空间时，可能会共同经历一种失序状态。一次，在哀伤仪式结束时，一位男士观察道："今天，我们制造了一些天气。你知道，就像中西部地区常见的那种乌云密布、惊雷滚滚的大风暴。后来，风暴过去了，空气变得更清新了，就像现在这样。"这种一同进入调谐状态的时刻，为我们提供了一个独特的机会，去体验人类学家维克多·特纳（Victor Turner）所描述的共同体（communitas）状态[1]。特纳曾深入非洲多个部落的生活，亲眼见证了深度仪式如何加强人们的归属感和社会联结感。为了增强彼此之间的连接，我们需要经历这种共同体状态。仪式可以将我们带入这种状态，让我们重新记起彼此之间本就存在的更深层的亲缘关系和共同性。

仪式并不会彻底消除我们所承受的伤痛，也无法一劳永逸地融

---

[1] Victor Turner, *The Ritual Process: Structure and Anti-Structure* (New York: Cornell University Press, 1969).

解哀伤的重量。它更像是一种保养和维护，可以为我们提供处理伤口、应对悲伤、表达感激以及调解冲突的途径，使我们的心灵得到定期释放和续航。做人很难，尤其是在这样一个缺乏仪式、无法帮助我们充分地活着的社会。当我们积累过多的哀伤，或者因长期感到被排斥而看不到解决分歧的出路时，很容易陷入抑郁或者步入有毒的悲苦之地。而仪式，正好为我们提供了一条回家的路。

学习如何将仪式融入生活，能帮助我们更好地应对生命中的一切。仪式如同一件披风，能够在我们亟须帮助之时守护我们。我在前文分享的故事展示了仪式如何将我们置于神圣的空间。在此，我再次鼓励大家体验仪式，和一群人聚在一起，让想象力引导当下。我们天生具备开启仪式的天赋，应当对此充满信心。在某些时刻，比如，当社区中有人去世、生病、失业或者面临离婚时，我们需要创造仪式，为苦难披上一层外衣。其他时候，我们则需要即兴创造仪式，为那些正在经历剧痛和哀伤的人留出空间。这其实并不难。关键在于，为了实现后续的疗愈，在当下，我们要勇于冒险，敢于有所作为。一旦仪式开始，它便不再受我们掌控，而是属于精神世界。生活过于复杂，仅凭我们的头脑无法应对。我们需要那双来自精神世界的无形之手给予我们庇护和支持，并提供来自另一个世界的滋养。人与神圣之间的这种协奏曲古已有之，它深植于我们的骨髓之中。请充分信赖这根纽带，因为它就是我们的疗愈之地。

第五章

沉默与独处：孤独之所

在沉默中，最基本的体验是亲密。

——罗伯特·萨德罗（Robert Sardello）

漫长的哀伤

在本书的前半部分，我强调了与他人分享哀伤的重要性。走出自己的孤独，与他人分享我们的哀伤，对于灵魂来说真的太重要了。我们常常被困在悲伤的牢笼里，孤独地徘徊着。将哀伤融入亲朋好友的关怀之中，置于充满活力、拥有仪式的社区的庇护下，的确是至关重要的。在本章，我将讨论与之交织的另一条线，邀请大家通过练习沉默和独处，进入我们的孤独之所。我们每个人都生活在归属感与孤独感之间的张力中，像在螺旋线上那样，有节奏地在这两者之间摆动，因为灵魂对连接与自由有着双重需求。在深度哀伤的时刻，这种节奏可能会被扭曲和夸大。我们可能会经历一些剧烈的摆动：有时，孤独变成了一种令人心痛的孤单和寂寞，我们希望拥有他人的陪伴；有时，我们渴望内在世界的绝对静止，此时的我们，哪怕与外界进行最微小的接触都显得太过沉重。学会灵活地在这两条紧紧缠绕的线上保持平衡，才能在丧失之地开始我们的航行。

在漫长的哀伤里，无论是主动选择还是被迫面对，我们总是不可避免地经历一些孤独的日子。很少有人能生活在一个时刻给予拥抱和支持的社区环境中。事实上，我们常常在许多时刻独自面对哀伤。在孤独中，我们感受到了成为悲伤的学徒所带来的另一种体验。在这里，我们被要求在沉默的深井中为丧失进行长时间的守夜，将我们的悲伤慢慢酝酿成某种浓郁且对世界有益的东西。能否深入这个内在世界，做好将悲伤转化为力量的艰苦工作，取决于我们周围的社区。当我们踏入未知之地，直面悲伤的狂野边缘时，即便是孤身一人，也需要感受到关怀和善意的纽带。

波斯诗人鲁米在他的诗《鸟儿的双翅》（Birdwings）中为我们提供了一个优雅的意象，生动地展现了亲密与独立之间的张力。

> 你的手张开，合拢，又张开，又合拢。
> 如果始终紧握拳头或一直张开，
> 它就会麻木。
> 你最深的临在，就在每一个
> 小小的收缩与扩张之中。
> 两者达成精美的平衡，
> 就像鸟儿的双翅协调一致。[①]

鲁米给出的这个意象提醒我们，要留意那些细微的变化。这是一种流动的状态，需要我们投入最精微的关注。在痛苦中，许多人难以接受他人的陪伴。我们选择独处，要么是因为觉得自己不配被关心，要么是因为害怕他人会以异样的目光审视自己的脆弱。还有些人则试图逃避与苦难独处，害怕自己的孤独发出的回声，于是努

[①] 鲁米《万物生而有翼》，万源一译自科尔曼·巴克斯（Coleman Barks）英文译本，湖南文艺出版社，2016.5。——译者注

力寻找分散注意力的方法。我们常常让自己忙个不停，或者长时间沉溺于电子屏幕前。然而，我们真正需要的是外在的社区以及内在的生活，它们就像呼吸一样不可或缺，能在漫长的旅程中转化我们的哀伤。我们的疗愈就隐藏在"每一个小小的收缩与扩张"之中。

走进孤独之所

在前面的章节，我探讨了如何成为悲伤的学徒：与哀伤建立恰当的关系，练习在困难时期保持稳定性，并保持成人自我的临在。沉默与独处为我们提供了学习以上技能的抱持空间。它们构成了一个容器，能够承载并处理伴随哀伤工作爆发的情绪和挑战。丧失和悲伤将我们向内、向下拉扯。悲伤有一种自然的引力，将我们引向内在世界，引向更接近灵魂的地方。对于悲伤试图引导我们进入的领域，我们知之甚少，而这种未知常常让我们感到恐惧。沉默和独处如同守护者一般减轻了我们的恐惧，并在我们深入自己的体验时赋予我们勇气。

沉默和独处邀请我们暂停、放慢脚步，甚至彻底停下来。在沉迷变化的文化里，这是一件稀有之事。我们生活在高度外向的文化中，一切都在昼夜不停地进行表达和揭露，我们的语言也因此变得粗俗和肤浅。神话学家兼故事讲述者马丁·肖（Martin Shaw）说："我们对表露上瘾。"[①] 然而，这种肤浅的伪接触让我们觉得，自己

[①] Martin Shaw, *Snowy Towers: Parzival and Wet, Black Branch of Language* (Ashland, OR: White Cloud Press, 2014), 8.

最本真的部分从未被他人真正看见。我们需要学习克制的技巧，紧密守护那些最需要我们高度关注的事物。如果在行动前未能深思熟虑，那么哀伤所沉淀出的东西就没有足够的时间来发展成熟，从而无法成为真正值得表达的事物。我们常常过于急切地揭示自我，在选择暴露自己时缺乏细致的筛选。人们普遍患有被我称为"过早暴露"（premature revelation）的毛病——总是太多、太快地分享，却很少顾及灵魂的羞怯。有时，来自他人的压力也会迫使我们揭示内心深处的动向。我们必须学会调节自己的表露，让秘密在"心"的容器中发酵和成熟，然后再与他人分享。如此一来，我们才能更好地聆听内心生活的微妙和复杂。

这是一项十分精细的工作，需要我们仔细关注灵魂的节奏。注意，一定要将其与自我孤立和有所保留区分开来，后者往往是我们小时候为了掩盖被羞辱或者受伤的那部分自己而形成的应对策略。许多人在表达自己的痛苦时被噤声。我们试图寻求安慰，对方却说："早就听你讲过了，别再反复念叨了。""努力克服它！别抱怨了。"有时，我们甚至得不到任何回应。为哀伤找到避难所并不是一件容易的事。也有人在面对丧失时孤立无援、缺乏他人的关心，并因此而感到羞耻。因此，每当哀伤涌现，隐藏和沉默等旧的策略就会迅速回归。我记得，一位名叫艾伦的男士曾因抑郁和成瘾问题来找我做心理咨询。他当时60岁出头，已婚已育，发现自己只是在一个以家庭为中心的轨道上生活。他总是表现得疏远、冷漠、易怒和孤僻，他的抑郁中甚至还夹杂着一层羞耻感。经过一段时间后，我们才慢慢地找到了这些情绪的根源。原来，当他还是个小男孩时，父母就离婚了，从那以后他就很少见到父亲。他回忆说，那段日子里，他感到深深的哀伤，却无处诉说。他的心中形成了一个空洞，一个叫作"一文不值"的恶魔占据了这个空洞。有一天，在我们进行咨询的过程中，他把一只手放在了胸口。我建议他停下来，感受一下那里发生了什么。他说他感到胸口发紧。我让他聆听这种紧绷感，看看它究竟意味着什么。过了一会儿，他分享说，他的脑海中浮现出一个小男孩躲在树林里的画面。他说那个小男孩正在玩捉迷藏，却没有人来寻找他。他不确定这到底是不是真实发生过的事情，但这个隐喻却让他泪流满面。在悲伤的时刻，没有人来找过他，自那以后，他就藏起来了。在这温柔的一刻，艾伦对那个小男孩说："我就在这里，我已经找到了你"。

我们必须识别出与哀伤有关的童年创伤，想办法回到当下。因为，只有在成年人的身体中，我们才能培养出觉察力，才能意识到何时应该把哀伤扩展至朋友或者社区那充满爱意的怀抱里，何时又该收缩到我们自己的孤独避难所中——"达成精美的平衡，就像鸟儿的双翅协调一致。"

该如何接近自己的内在呢？让我们再次回到奥多诺霍的智慧，重温他的呼吁"以尊重的态度接近"。尊重，意味着我们能够以温柔和耐心将悲伤引导至我们张开的双臂。在这一观点中蕴含着一个承诺：当我们以尊重的态度走向自己的内心生活时，一些美好的事物也会向我们靠近。这是一个神奇的征兆，它让我们确信，待在内心"深处"会带来巨大的价值。许多宗教传统都将沉默和独处视为灵魂生活的核心。长久以来存在的冥想、沉思、祈祷和灵境追寻（vision quest）[①]等练习，能够让个体接触到来自内在和外在的更具野性、更加广阔的宇宙。很多神话都告诉我们，人类时常与自己熟悉的事物分离，进入孤独之中。如何利用这些孤独的时光，将决定我们重返世界时内心能有多丰盈。沉默和独处会让我们变得更加深邃、丰厚和开放。那些在哀伤里完整地走过一遭的人，将带着治愈世界的良药归来。

然而，对许多处在哀伤期的人来说，与沉默和独处的首次相遇并非出于自愿。我们不情愿地踏入这一领域，感觉自己的生活像一片悲伤的群岛，与陆地之间隔着一大片海洋。沉默和孤独是丧失的代号，提醒着我们所经历的痛苦。伴侣的离世使房子陷入寂静，空气中再也没有他的欢声笑语。孤独成了一种牢笼、一种无法逃脱的囚禁，带走了生活中的欢乐和温暖。我们的内心中多了一个空洞，这正是爱人的形状。伴随着这次离别，我们也感受到了缺失和空虚。寂静和孤独被强加在我们身上，如灰烬般掉落四周，使整个世界都失去了光彩。我们所触碰的一切仿佛都沾染上了空虚的印记。

渐渐地，我们开始领悟沉默和独处的必要性。这段漫长的朝圣之旅教会了我们如何珍惜自己的孤独之所。我们慢慢地意识到，一种新的亲密关系正在酝酿，这种关系通过丧失和悲伤与我们的灵魂

[①] 灵境追寻是北美原住民的一种修行仪式，人们独自进入大自然中冥想、禁食和祈祷，以获得内在的洞见和灵性的指引。——译者注

生活紧密相连。

重大丧失造成的破裂常常引发我们与日常世界的分离。对于我们那脆弱而饱尝悲苦的心来说，持续不断的人类活动、日新月异的技术、忙碌的日程以及喧嚣的噪声都是一种侵扰。面对浮华的霓虹社会，我们的心灵想要转身寻找一个安静的地方。在哀悼的时期，我们与商业化的世界显得格格不入。灵魂需要沉默和独处所带来的广阔空间，这样才能在周遭无尽的需求中喘口气。这是一个沉思和孕育的时刻，它要求我们打破对"做事"和"成就"的强迫症以及对生产力的痴迷。我曾帮助过一位60多岁的医生，他无法停下来照料自己因挚友去世而引发的无尽悲伤。医院的日常工作压力很大，他每天都要从早上五点半忙到晚上七点，下班回到家时已筋疲力竭。没有任何空间能容纳他的难过和哀伤。他不得不保持高强度的工作节奏，力求不在医疗系统的机械运转中掉队。其实，他并不孤单，因为这正是我们共同的困境：总是被社会的要求所压迫，而灵魂的渴望——尤其是在巨大的哀伤时刻——却得不到满足。

要成为悲伤的学徒，我们需要抽出时间，为当下的事物创造一个从容不迫、沉默且开放的时刻。清晨，当新的一天向我们宣告它的来临时，我们可以暂停片刻，留意一下窗外的阳光如何温柔地洒在枫树上。在寂静的深夜里，我们可以来到名为沉默的织布机前，看看里面有什么渴望得到我们的关注，等待着被我们编织进生活中。放慢脚步去聆听并不是件容易的事，也并不总是吸引我们。在经历失去的时刻，沉默的空间里往往充满情感、回忆以及那些我们难以面对的事物。尽管如此，它们始终存在，等待着我们的关爱。曾有一位女士告诉我，她害怕黄昏，因为自从婚姻结束后，孤独的阴影总会在黄昏时分笼罩着她。我建议她将恐惧和痛苦出现的时刻视为神圣的时刻——一个揭示她内心中最脆弱的部分、最需要自己的善意和慈悲的临界时刻。这里有一位来自内在的姐妹，她是如此孤独，如此渴望被看见和被拥抱。我与她分享了诗人里尔克的一句话："我在这个世界上太孤独了，却又不够孤独，不能让每一分钟都变得神圣。"[①] 说得真对啊！许多人身上都背负着名为孤独的姐妹或者兄弟——被抛弃的那部分自我。如果我们能够在沉默和独处中走得更深一些，或许就能将这样的时刻转化为神圣和救赎，将那些被放逐的部分召唤回家，同时慢慢收回那些回避的触角。

在哀伤工作中，沉默和独处至关重要。它们能够洗去在繁忙的生活中积累的坚硬外壳，令我们焕然一新。快节奏的现代生活令我们喘不过气来，而沉默和独处便是对这一现状的抗议。在沉默和独处的空间里，我们进入了一个神圣的领域，在这里，深层的疗愈工作得以开展。社会评论家约翰·泽尔赞（John Zerzan）写道："沉默就像黑暗一样难以停留，但心灵和精神需要它的滋养。"[②] 沉默邀请我们进入一个深度倾听、谦逊自省的空间，在这里，我们能够承认自己的无知。在这个不使用语言的地方，我们得以倾听内心中那些

[①] Rilke, *Selected Poems of Rainer Maria Rilke*, trans. Robert Bly (New York: Harper and Row, 1981), 25.
[②] John Zerzan, "Silence," Green Anarchy, Spring/Summer 2008.

更加微妙和静默的部分——被排斥的那些兄弟姐妹、被忽视的那部分灵魂、被遗忘的那些祖先以及来自周围世界的那些呼唤,并向它们致以敬意。听力学家戈登·亨普顿(Gordon Hempton)写道,"倾听就是敬拜",通过倾听,我们捕捉到了这个世界的实际形态和动人旋律[1]。反过来,倾听也赋予了我们注意力,使我们逐渐意识到,内心世界的每一个角落都值得我们花费时间和情感去欣赏。这份注意力慢慢地引导我们进入一个亲密的庇护所,在这里,身体、心灵、灵魂与世界可以进行复杂而深远的对话。心理学家罗伯特·萨德罗写道:"在沉默中,最基本的体验是亲密。"[2] 沉默是一种"隐秘的宝藏",使我们的生活充满意想不到的相遇。

练习沉默便是练习清空和放手。在这个过程中,我们在自己内部腾出空间,以便对正在浮现的事物保持开放。我们要努力变得乐于接纳。人类的心脏是用来接纳的器官,在这里,我们感受到了丧失带来的剧痛,意识到了我们所爱的一切都是苦乐参半的,体会到了背叛带来的刺痛,以及深刻地感知到了"无常"这一真相。如我们所知,爱与丧失总是交织在一起的。

灵魂需要独处,孤独便是对此做出的致敬与回应。人生中的许多时刻都需要独处,尤其是当哀伤像漆黑的披风一样裹在肩上时。与他人分开,也意味着我们与主流文化约定俗成的一切分离开来。

---

[1] Gordon Hempton, *One Square Inch of Silence* (NewYork: Free Press, 2009).
[2] Robert Sardello, *Silence: The Mystery of Wholeness* (Benson, NC: Goldstone Press, 2006), 32.

荣格分析师克拉丽莎·平科拉·埃斯特斯（Clarissa Pinkola Estés）将约定俗成形容为"过度文化"（over-culture），它要求我们被动、驯化和顺从。正如我在前文提到的，哀伤绝不意味着被动，它是从灵魂的深井中涌起的一种野性的、不可抑制的能量。在孤独的炼金术容器里，这股能量剥去了我们的外表和人格面具，将我们还原至最基本的存在。在这个黑暗的房间中缓缓浮现的，是我们与最真实的自己之间的那份坚不可破的友谊。

在孤独之中，我们意外地发现了热情友好的根源所在。孤独是亲近感的基础。正如里尔克在《给青年诗人的信》中指出的，爱是"两个寂寞相互爱护，相区分，相敬重"[1]。在深深的孤独中守候，便是为一份伟大的工作——再次去爱——做准备。怀特的诗《十年后》（*Ten Years Later*）也揭示了这一点：

> 这些年
> 我学到的一件小事，
> 是如何独处，
> 以及如何在孤独的边缘
> 被这个世界发现。[2]

---

[1] 译文引自里尔克《给青年诗人的信》，冯至译，云南人民出版社，2016.1。——译者注
[2] David Whyte, "Ten Years Later," in *River Flow: New and Selected Poems* (Langley, WA: Many Rivers Press, 2007), 247.

在沉默和孤独中的时光并不会将我们与世界分隔开来。在更具深度的地方，我们会逐渐变得成熟，从而在通往悲伤之地的旅程中成为更完整的自己。正如怀特所说，在孤独的边缘，我们被这个世界发现。我们会逐渐认识到，在内在世界度过的这段时光是多么不可或缺。最终，我们会准备好再次回到这个世界，继续我们的悲伤工作。哀伤酿造出智慧，使我们看清这个世界如何通过丧失来塑造我们。心理学家罗伯特·罗曼尼什恩（Robert Romanyshyn）指出，哀伤所酿造的这种智慧正是忧郁的价值所在。他将这种忧郁描述为"渡过哀伤之后结出的果实，是灵魂深处的智慧——生命即是丧失。经过哀伤锻造后的爱，能够帮助我们珍惜日常生活中那些简单而平凡的时刻，即便我们知道它们正在指尖溜走"[1]。

内在深处的工作：面对我们的悲伤

沉默和独处使我们超越思维的桎梏，进入具身体验。哀伤能够被感知到，它存在于我们的五脏六腑、胸腔内壁、肩颈轮廓以及沉甸甸的大腿之中。我们的筋骨和肌肉中蕴含着哀伤，令我们感到疲惫，就像胸口压着巨石、腿上灌了铅似的。哀伤是有形的，我们能够通过这种实实在在的感知体验来认识它。身体正在叹息和感知，在这里，

---

[1] Robert Romanyshyn, "Robert Romanyshyn on Technology as Symptom and Dream," by Delores Brien, *The Jung Page*, June 2005, www.cgjungpage.org/learn/articles/technology-andenvironment/683-robert-romanyshyn-on-technology-as-symptom-a-dream.

我们能够描绘出悲伤的地图。

哀伤紧贴心房，伴随着我们的每一次呼吸上下起伏，使我们迈出的每一步都充满挑战。在这个密集的空间里，充斥着各种感受。眼泪和痛楚在我们的世界里紧密缠绕着，令我们无法逃脱。此时，我们在学徒生涯中学到的技能就可以被派上用场了。我们要与这些痛苦的访客肩并肩，去感受哀愁带来的启迪。

我们有必要探索自己是如何感知悲伤的。这种感知是一种"原始的认知"（primal knowing）[1]，它超越了所有的抽象概念，把我们的体验带到当下。凯特是一位 50 多岁的女性，正在处理与母亲自杀相关的痛苦记忆，那时她只有 16 岁。在她讲述这段记忆时，我注意到她正紧紧地抱着自己，几乎无法呼吸。我请她花几分钟时间简单地关注下自己的身体，以及讲话时感受到的情绪。她逐渐平静下来，察觉到体内凝聚的"意感"（felt sense）。在进入一种软性注意力（soft attention）状态时，她体验到了一种沉重感。我随后问她，是否可以向自己的身体确认一下这种沉重感是什么。沉默了几分钟后，她说，这种沉重感与恐惧有关：当她发现母亲的遗体时，没有人陪在她身边。我问她是否愿意欢迎自己内心这个充满恐惧的部分。当她说"愿意"时，她的泪水悄然滑落。过去，从未有人走近并拥抱她，在她发现母亲早已失去生命迹象的身体时，也没有人抱持她的感受。有生以来第一次，在孤独中，她为自己提供了调谐——这是她生命中

---

[1] Reginald Ray, *Touching Enlightenment: Finding Realization in the Body* (Boulder, CO: Sounds True, 2008), 25.

不可或缺但又缺席已久的体验。当她从内在世界回归时,眼神变得更加柔和,呼吸也更加放松了。在她选择正视和拥抱痛苦后,原本紧张僵硬的姿势开始发生改变。

通过自己的身体体验,凯特做出了一个强有力的转变。我们无法仅凭思考来解决哀伤,也无法依靠信息或者概念来减轻我们的痛苦体验。正如谚语所说,"离开这里的唯一出路就是穿越它"。我们必须面对自己的体验,用最温柔的手去触摸它。只有这样,在寂静和孤独的内在世界中,哀伤才会向我们屈服,并献上它最柔嫩的枝芽。这种转变发生在当下,因为慈悲而变得神圣。这是一种神圣的仪式。

我们的身体承载了太多,存在于身体中的智慧已经被我们彻底遗忘。然而,没有什么比我们的身体更贴近当下的意识。佛学家雷金纳德·雷(Reginald Ray)说:"我们的身体充满力量、智慧和爱,是绝对可靠的。虽然这么说很奇怪,但它的确值得我们为之奉献。"[1]

在哀伤工作中,我们必须与自己的肉体生活产生深层连接,以便察觉到悲伤是如何在身体中栖居的。雷继续说道:"当我们开始将身体作为感知、感受和认识世界的主要方式,当我们的思想只是作为'身体存在'的辅助时,我们会发现,作为人类,我们与万物有着十分亲密的关系。"哀伤通过其野性、扭曲且沉重的存在将我们带回自己的身体。通过身体,我们重新与这个充满生机的世界建立了一种更加辽阔的连接。

---

[1] Reginald Ray, *Touching Enlightenment: Finding Realization in the Body* (Boulder, CO: Sounds True, 2008), 25.

沉默、孤独和忍耐：锚定变化

处在悲伤的严冬时节，我们渴求环境能够发生一些变化，期待在肺中吸入一口新鲜空气。荣格说，变化的发生往往基于以下三个原则：洞见、恒心和行动。在咨询室里，我会邀请来访者花一些时间，静静地与那些被唤起的感受产生连接。我们常常因此获得一些"洞见"：开始以新的方式看待自己的生活；意识到在冲突时刻创伤会以一种新的形式显现；对自己的亲密关系模式有了一些新的了解；意识到自己在面对丧失时会做出什么反应。这些洞见来得迅速而突然，如同一道闪电、一片落叶或者一场梦。这些突如其来的访客使我们感动，它们带来的启迪令我们振奋。然而，如果缺乏悉心呵护，这些洞见往往转瞬即逝。人们经常向我抱怨道："我知道我们上周触及了一些十分强大的东西，但我死活都想不起来它们是什么了。"此时，第二个原则"恒心"要求我们时刻将自己领悟到的洞见放在心上——思考、记录、反复咀嚼、画下来、舞动起来、与好友谈论——无论采取什么样的方式，请不要让它像昨夜的梦一样悄然溜走。之后，只有与洞见进行长时间的接触，我们才可能见证新的转变。悲伤就是这样，只有投入长久的注意力，经过几个月或者几年，它才能在这个世界上孕育出崭新的事物。这正是跟着悲伤做学徒的本质。

我们必须熟练掌握那些能够提高注意力和使洞见保持鲜活的方法。要想拥有恒心，必须做到坚韧和稳定。我们太容易失去新的领悟，滑落到自己习惯的观察和行为模式中。我们可能会快速退回到自己熟悉的领域——孤军奋战，忘记哀伤需要的其实是友谊和支持。

荣格说，心理学只能在洞见这一阶段起到一些帮助。在此之后，要想做出改变，则需要依靠道德品行的力量。我们都知道，要想真正改变一个人的性格有多难，这需要很大的勇气和意愿走进生活的阴影面。要想面对我们的丧失——带着羞耻、懊悔和失败的被放逐的那部分自我——需要一种精神上的坚韧。这在哀伤时期尤为明显。将我们的哀伤铭记于心，并投入时间、耐心和慈悲来照顾它，是一种虔诚的付出和发自内心的行为。从长远来看，改变虽然发生在心理层面，但同时也是一种虔诚的行为。正是出于爱，我们才能重塑自己的生活。这其实和自律（discipline）有关。我常常跟来访者说，这个词与"门徒"（disciple）拥有相同的词根。换句话说，我们要把全部身心放在哪里？我们要爱什么和为什么服务呢？我希望这个答案是——我们的灵魂。

在应对哀伤的过程中，挑战依然存在。我们四周总是有一些暗流在涌动，它们会一次又一次地将坚毅勇敢的我们拽回孤立状态，使我们陷入自己的情结。我们的社会推崇坚忍奋斗，因而剥夺了孤独所蕴含的丰富性，以及被他人支持的美好体验。去了解悲伤是如何通过种种方式被阻塞的，有助于我们更加深刻地迈向充满灵性的生活。现在，让我们更加仔细地审视这条路上存在的障碍吧。

第六章

穿越坚硬的岩石

悲伤本身就是一剂良药。

——约翰·考珀（John Cowper）

当我们面对哀伤时，常常会遇到各种挑战。或许，其中最常见的障碍是我们生活在一种"毫无起伏"（flatline）的文化①里。这种文化倾向于回避深度情感，将情感生活的范围压缩至最狭窄的区间。因此，随着哀伤在灵魂深处淤堵，那些翻腾的感受越来越难以找到一些积极的表达方式，比如举行哀伤仪式。我们的文化时刻使人保持着忙碌和分心，为的是将哀伤隐匿于生活的宏大背景中。站在灯火辉煌的明亮区域，我们感到熟悉和舒适，却没有意识到我们已经失去了灵魂生活中某些至关重要的东西。里尔克在100多年前写了一首与哀伤有关的动人诗歌。

> 或许我正在穿越坚硬的岩石，
> 孤身一人，正如深藏在这里的矿脉。
> 我已如此深入，前方看不到任何道路，
> 也没有任何空隙：一切都近在咫尺，
> 紧贴着我面庞的只有岩石。

---

① "毫无起伏的文化"反映了我们所处的文化现实——我们的生活方式已被打包压缩至一个极其狭窄的范围内。因此，我们通常只能体会到最极端的情感。如今的我们，常常用兴奋来代替欢乐，甚至只能依赖种种刺激去体验活着的感觉。诗人威廉·布莱克（William Blake）将情感形容为"神圣的流动"（Divine Influxes）。因此，当我们无法触碰那些我们本应体验的情感状态时，便把神圣的诸神驱逐在外了。

在这首诗中，里尔克对哀伤的描绘极其生动、深刻。当我们迈入悲伤的领地，尤其是在那些极度悲恸的时刻，会感到周围似乎有一堵难以穿透的厚厚的石墙将我们与外界隔离开来。里尔克也深知，我们大多数人都是孤身一人进入这个空间的，没有人陪伴，也没有人帮助我们承受时间的重量。

接着，他以谦逊而带有忏悔的态度进行祈祷：

> 对于哀伤我知之甚少——
> 这巨大的黑暗令我感到渺小。
> 上苍啊：猛烈地突破进来吧：
> 然后，你的伟大转变会发生在我身上，
> 而我那巨大的哀伤将会在你身上呼号。[1]

这首诗充满自我慈悲。即使不那么了解，他也能觉察到，自己的哀伤是一份献给上苍的礼物。缺乏这种领悟，会将我们的哀伤推向那些难以触及的地方。这时的我们，仿佛正在努力穿越坚硬的岩石，却只能感受到自己的悲伤。

对深层情感生活的集体否认带来了种种问题和症状。我们通常所诊断的"抑郁症"，其实就是深埋在心灵中的慢性低度哀伤，其中还夹杂着羞耻和绝望。普雷切特尔将其称为"阴霾天空文化"

---

[1] Rilke, "It's Possible," in *The Selected Works of Rainer Marie Rilke*, trans. Robert Bly (New York: Harper and Row, 1981), 55.

（gray-sky culture）①。在这样的文化中，我们不会选择去过那种充满世界奇迹和日常美好的丰盈生活，也不会欢迎生命旅程中不可避免的丧失和哀痛。这种拒绝进入内心深处的行为，使许多人眼前的地平线变得愈发狭窄，削弱了我们对生活中的欢乐和悲伤的深度参与。我们因此陷入了我所说的"早夭"状态——背离了生活本身，对世界抱有游移不定的态度，既不在其中也不在其外，无法全然地对生活说"是"。

我清楚地记得第一次参加哀伤仪式时遇到的困难。看着几十位参与者跪倒在地，哭泣并表达他们的悲伤，我却怎么都触碰不到自己的哀伤，无法将其引导出来。我站在那里，感到一阵麻木，同时也被呈现在眼前的赤裸裸的苦难所震撼。直到第三次参加哀伤仪式时，我才终于能够释放自己的泪水。我知道，我必须继续前行，努力接近悲伤，去感受它的能量。我不能逃避，因为我知道自己的身体里有一个哀伤的蓄水池，只是不知道该如何将它释放。现在的我能够意识到当时的自己有多僵硬，离自己的"情感身体"（emotional body）有多远。学会与灵魂中脆弱的这部分交朋友，反而打开了一条通道，让我体验到了更加多样的情感——快乐、爱、愤怒、悲伤、喜悦、惊奇——这正是我情感风景的全貌。

---

① Prechtel discusses the "gray-sky culture" on his CD "Grief and Praise," which can be found at http://floweringmountain.com/catalog.html.

私人痛苦投下的阴影

还有一些其他因素阻碍了哀伤的自由表达。在前面的章节中，我指出西方人被灌输了一个观念：要接受自己的私人痛苦（private pain）。这是一种文化上的条件反射，使我们倾向于把哀伤紧锁在灵魂中的幽暗角落里。在与世隔绝之中，维持情感活力所需的事物被剥夺了：社区、仪式、大自然、慈悲、反思、爱与美。私人痛苦是"坚韧不拔的个人主义"信条的遗产，在个人主义的狭隘叙事中，我们被英雄原型的阴影所困[1]。从出生起，我们就被英雄意象塑造和洗脑：那是一个不需要任何人的人，那是一个超越了私人痛苦的人，那是一个掌控一切、不知道"脆弱"为何物的人。我们被这个意象所囚禁，陷入一种虚假的独立状态，切断了与大地、感官现实以及世间万象的亲密联系。对许多人来说，哀伤的根源就在于此。

要想面对世界的悲伤，需要与世界保持亲密。几年前，我在临床工作中遇到一位因伊拉克战争而深陷哀伤的女性。她为那片被贫铀弹片污染的土地哭泣，也为数十万遭受袭击的平民哭泣。陪她哭了一段时间之后，我轻声问她，是否注意到窗外的西梅花正在盛开。她停顿了一下，说"没有"。我又问她是否看到了盛放的芥菜花。她再次回答说"没有"。于是，我对她说："如果我们不记得世界的美丽——那些盛开的西梅花和芥菜花，我们就没办法以任何平衡感

---

[1] 英雄原型本来是一个十分美好的原型，但在我们的文化中，它却逐渐脱离了集体和灵魂，成为一种极其单一的表达方式。

去面对伊拉克所经历的恐惧。"我们必须以某种方式将哀伤与感恩结合，从而对生活保持开放。

我曾有机会与一群神职人员讨论哀伤在生活中的位置。讲座刚开始几分钟，房间里便呈现出明显的悲伤氛围。于是，我停下来询问他们的感受。慢慢地，他们开始揭示自己所背负的哀伤。一位男士刚刚失去了妻子，一位女士几周前刚办完离婚手续，另一位女士的邻居不久前上吊自杀了，而她的儿子即将在医院接受脑部检查。还有一位女士提到，她所在的小镇上有一家备受欢迎的餐厅因破产而倒闭了，居民们都感到很失落。我问他们："你们当中有多少人有地方倾诉自己的哀伤？"没有人举手。之后，我们围绕"私人痛苦"这个说法聊了很久。渐渐地，他们意识到这个说法对灵魂的束缚有多深重。他们想要更深入地了解哀伤，渴望找到一种方法进入并穿越自己的哀伤。于是，我们决定一起探索如何将哀伤工作带入他们的教区，并从他们所承受的私人哀伤中解放自己的人生。

赋予情感一个底座

我们之所以厌恶哀伤，还有另一个原因，那就是恐惧。在心理咨询工作中，我无数次听到人们说自己害怕陷入哀伤的深渊。有一次，当我又一次听到来访者说"如果我去那里，就再也回不来了"时，我说了一句惊人的话："如果你不去那里，就永远回不来了。"对人们来说，哀伤是一种核心的情感，我们彻底抛弃了它，因此付出了惨重的代价——只能在生活的表面游走。我们过着肤浅的生活，内心却隐隐作痛，总觉得自己的人生存在某种缺失。如果我们想要重回丰富多彩的灵魂生活，重新与世界的灵魂产生联系，就必须穿越这个充满哀伤和悲伤的区域。这要求我们重新相信哀伤，赋予哀伤一个底座，让它有一个安放之处。

几年前，在心理咨询过程中，我的脑海里浮现出一幅画面：一双手像掬起溪水一样轻轻合拢。这让我想到，我们需要捕捉并涵容每一种情绪体验所承载的全部情感，为它们提供一个底座。例如，当我们还是小孩子的时候，跌倒时，总是希望能找到一个可以依靠的膝盖，希望拥有一个安全的港湾来放声哭泣。如果幸运的话，照料者会用温柔的话语安慰我们，让我们相信一切都会好起来。在那一刻，我们感受到了痛苦的全部重量，体验并穿越了它所蕴含的情感力量。本质上，我们的痛苦有了一个底座，因此，我们能够建立信任，相信自己有能力穿越痛苦。

现在，试着想象一下，在青少年时期，假如我们遭到朋友的背叛或者初恋的拒绝，带着肝肠寸断的哀伤走进家门，却没有人知道该如何回应我们的悲伤。或者，我们的哀伤根本没有被承认。又或者，更糟糕的是，我们因自己的感受而遭到羞辱。在这种情况下，由于我们的周围没有爱和慈悲，能够抱持和承载这些强烈情感的容器便永远无法成形。在这样的环境中，哀伤会变成一个无底洞，每当我们意识到它时，都会感到恐慌。于是，我们很快便学会了害怕哀伤，害怕那种自由坠落的感觉。其实，不只是哀伤，其他任何情绪都会带来这种感受——无底洞、没有立足之地、没有安全的容器来承载我们的情感。由于这种情况在许多人的童年、青少年时期乃至成年生活中反复上演，因此，要想保持身心健康，我们需要找到一个安全的容器，再次对情感生活建立信任。

我们可以回到自我慈悲的基本练习中，调节迈入悲伤之境时伴随而来的恐惧。我们要耐心地关注自身的需求，赋予自己一个坚实的底座，从而安定下来，并确保自己在进入哀伤之地时是被抱持的。我们还要牢记，可以向那些了解并关爱我们的人寻求帮助和支持。正如神经科学的最新研究所揭示的那样，我们有能力改变早年经历所形成的条件反射。

恐惧的另一面是清醒的自我意识。我们总是生活在焦虑之中，担心别人评价我们的身份、行为和言语。我们常常没有归属感，觉得有必要时刻监控自己的一举一动，使自身行为保持在"可被接受"的范围内。针对这种驯化所留下的有毒残余，埃斯特斯做过清晰、简洁的表述：

> 在一种注塑成型、逐渐僵化的文化中待得太久，意味着我们每天都必须奋力转向、竭力抗拒，以免被这种"对内在生活的习得性失明"所吞噬。然而，许多人终究难免会在不知不觉中视力减弱、双手松懈、无奈屈从。
>
> 假如为了微薄的奖励而迎合压力，或者因信仰而面临被边缘化的威胁，那么，个体会渐渐融入文化的最表层，与万物的关系也会变得残缺不全。在这种情况下，尽管事

物的本质依然清晰可感，万物的生命力依然极具感染力，我们还是与它们失去了连接。事情本不应如此。我们与世间万物的关系本应是互补的，我们原本应该能感受到万物内部的能量及其状态。[1]

不难看出，这种警觉和戒备的状态阻碍了情感的自由表达。在哀伤仪式中，我们一次又一次地面对这个问题。我们总是在无意识层面与他人比较。我们会注意到谁分享得更多，谁表现得更脆弱，谁在手头的任务中表现得更成功。我们担心自己在哭泣时会显得很难堪。这种自我评判限制了我们在仪式中全然投入。我们需要对自己的这一面保持耐心和慈悲，好让那时刻保持警惕的自我批判之眼放松警惕，从而允许自己向他人敞开心扉。我们或许需要告诉朋友，自己感到胸口发闷、喉头发紧，需要对方的支持来缓解这种紧张，以充分表达内心的悲伤。这个举动本身就是一种自我慈悲。

对集体仪式的需求

或许，哀悼过程中最显著的障碍是缺乏释放哀伤的集体实践。在大多数传统文化中，哀伤是社区的常客。而在我们的文化中，人们却以某种方式隔绝哀伤并加以净化，没有意识到它是一种撕心裂

---

[1] Clarissa Pinkola Estés, introduction to *Woman Who Glows in the Dark*, by Elena Avila (New York: Tarcher, 2000), 2.

肺、令人心碎的情感表达。即使在葬礼上，面对灵魂深处因失去挚爱而产生的强烈悲痛，我们也常常回避。

哀伤一直是集体性的，并且始终与神圣紧密相连。正如我之前所述，通过仪式，我们得以应对哀伤，允许哀伤流动、转化，并最终在灵魂中塑造出新的形态。起初，对我们来说，仪式这个概念可能会显得有些陌生，但当我们真正体验它，并允许自己在情感上投入其中时，就会发现仪式里蕴含着某种熟悉的感觉。每当我带领哀伤仪式时，参与者之间总会产生一种认同感。这是我们的深层心理遗产，是荣格所说的"无法被遗忘的智慧"[1]的一部分。重要的是意识到，我们天生就离不开仪式。学习创造属于我们自己的仪式，能够激励我们深入哀伤之地。这是一块需要我们不断锻炼和强化的肌肉。

诗人布莱克说："悲伤越深，喜悦越大。"当我们将哀伤流放时，也是在将喜悦排除在外。对灵魂而言，在这种阴霾天空下生活是难以忍受的。它每天都在呼喊我们采取行动。然而，由于缺乏有意义的方式去回应悲伤，而且对于赤裸裸地进入哀伤的领域感到极度恐惧，我们常常会转向分心、成瘾或者麻木。在拜访非洲时，我曾对一位女士说，她拥有很多快乐。她的回答让我震惊："那是因为我经常哭。"这是一种非"美国式"的情感表达——她的快乐不是源自

---

[1] 原文是："我们的大多数问题都源于与自己的本能失去了连接，与自己内在那些古老的、无法被遗忘的智慧失去了连接。" *C. G. Jung Speaking* (Princeton, NJ: Princeton University Press, 1977), 89.

购物、工作或者保持忙碌。她是西非布基纳法索的诗人布莱克——悲伤与喜悦相伴，哀伤与感恩并存。能够同时承载这两个真相，正是一个人成熟的标志。生活是艰难的，充满丧失和苦难。生活也是辉煌的、精彩的、无与伦比的。否认其中任何一个真相，要么就是生活在某种理想化的幻想中，要么就会被痛苦压垮。两者都是真实的，只有对悲伤和喜悦都有所了解，我们才能完整地体验作为人类的全部感受。

第七章

饮下世界的泪水

活到流泪的那一刻。

——阿尔贝·加缪（Albert Camus）

回归哀伤是一项神圣的工作，它强有力地证实了原住民灵魂所知晓以及精神信仰所教导的真理：我们彼此相连。我们的命运以一种神秘但可感知的方式紧密地交织在一起。这种深厚的亲缘关系每天都在遭受侵袭，而哀伤记录了这一切。哀伤工作成为我们维持和守护社区福祉的核心要素。它是唤醒我们的慈悲心、承认共同苦难的主要途径，同时也是灵魂的抗议，是我们对暴力和压迫的全身心回应。

哀伤是成熟男女要做的工作。我们有责任对这种情感保持开放，并将其回馈给这个苦苦挣扎的世界。哀伤的宝贵之处在于它肯定了生命本身，也确认了我们与世界之间的亲密关联。在日益趋近死亡的文化中，保持开放和脆弱是有风险的，但如果我们不借助哀伤的力量去见证这一切，将无法阻止社区的持续衰退、生态环境被无端破坏或者单调的生活对我们的桎梏。现代生活的上述特征将我们推向荒芜之地，在这里，购物中心和网络空间成为我们的日常食粮，而我们的感官生活却日渐消亡。哀伤深深地触动了我们的心弦。它是灵魂的咏叹调，唱出了生命之歌。

如我所言，哀伤是一种强有力的灵魂行动主义。假如我们忽视或者拒绝承担责任，不想饮下世界的泪水，便无法认真对待世界的丧失。我们要做的是去感受这些丧失，并为之哀悼：真诚地为湿地的消失、森林的破坏、鲸鱼数量的减少、土壤的侵蚀等现状感到哀伤。对这一连串的具体丧失，我们其实是心知肚明的。世界逐渐被掏空，我们因此而感受到的情感却被集体性地忽视了。我们需要在这个国家的每个角落举行和参与哀伤仪式。

为世界哀悼，最终会转化为对这个世界的一种强烈且永恒的奉献。我经常听说，土著部落为捍卫他们的土地免受企业利益的侵犯而抗争。他们的行动反映了自我与土地之间存在一种深厚而广泛的联系，这种联系使他们对土地产生了认同。巴西的阿瓦族（Awá）、厄瓜多尔亚马孙地区的奇瓦族（Kichwa）、巴基斯坦北部的卡拉什人（Kalash）等许多群体，正激烈地为他们的生活方式而战。我们也必须找到勇气去保护那些正在遭受威胁的事物，一起去修复这个世界。

我们每个人都必须这样做。我们必须学会应对生活中的哀伤。我们可以从一两个朋友开始，真诚地诉说彼此的心痛。这些悲伤或许非常个人化，或许是我们在新闻中目睹的日常丧失。如果你愿意，可以试着和朋友们一起认真地应对哀伤。但是，如果你还没有准备好，也可以简单地鼓起勇气说出心里话，让别人知道你感到难过，你的身体里背负着哀伤。多年来，我在哀伤仪式中发现，当我们最终能够向彼此承认自己的痛苦时，会感受到一种解脱。我们也可以与河堤以及岸边的柳树分享我们的哀伤，借助写作或者陶艺表达哀伤，通过舞蹈或者音乐抒发哀伤。当然，最重要的是要欢迎哀伤，在我们的生活中给它留一个位置。这样一来，我们的内心会变得更加辽阔，进而感受到与万物之间的亲密联系。

然而，有时候，我们的哀伤被隐藏在一个隐秘的洞穴中，长期未曾被触及和照料，直到有人邀请我们敞开心扉。这无疑是脆弱的、充满痛苦的时刻。暴露我们的哀伤如同撕开已经结痂的旧伤疤，这些旧伤疤早已深锁在记忆中、不为他人所知甚至被我们自己所遗忘。

瑞典童话"林德虫"（The Lynd Wurm）告诉我们，生活中那些至关重要的事物是藏不住的。在这个童话里，国王和王后一直没能如愿生下一个孩子。后来，在一位充满智慧的老妇人的帮助下，王后终于怀孕了。不幸的是，王后未能严格遵循老妇人的神秘指示，结果，她生下的第一个孩子竟是一个可怕的蛇形怪物。这个孩子被接生婆丢进窗外的森林，他的存在无人知晓。几分钟后，王后生下了这个孩子的双胞胎弟弟——一个漂亮的男孩。

几年后，这位英俊的年轻王子打算结婚。他踏上了寻找新娘的旅程，却被这个蛇形怪物挡住了去路。正如童话常常揭示的，那些被抛弃的事物总会回来并要求被承认。林德虫知道了弟弟此行的意图，说道："没有新娘给你，直到有新娘给我。"王子大吃一惊，急忙将此事告诉了父母。国王和王后同样感到困惑不已，因为他们不知道另一个孩子的存在。在王子又经历了两次同样的事情后，接生婆终于说出了真相。怀着些许不安，国王和王后邀请这个怪物兄长进入城堡，并试图为他安排婚姻。然而，他们找来的所有新娘都被他一个接一个地吞噬了。

最终，一名年轻女子挺身而出。经过指点后，她知道该如何在新婚之夜与怪物相处。为应对这场正面交锋，她穿上了七件白色的衬衫，准备好了一桶碱液和三把铁刷。洞房的时刻到了，林德虫要求她脱下衣物，她却说："如果你褪去一层皮，我就脱掉一件衬衫。"

他惊讶不已，回答道："从来没有人这么要求过我。"伴随着他的嚎叫声，七层皮被一层层地褪去，最后露出一个湿滑、颤抖的男人。女人拿起碱液和铁刷，奋力擦洗他的身体，直到他变成一个英俊的男人。此时，可以举行真正的婚礼了。

"从来没有人这么要求过我。"这句话本身就带有哀叹的气息，散发出一种令人潸然泪下的忧伤。很多人从未被邀请诉说悲伤，从未褪掉一层"皮肤"展露出脆弱的自己，更不用说找到一个心怀爱意和耐心擦拭我们的身体，冒险与我们一起体验哀伤的人。第一次听到这个故事时，我能清晰地感受到内心深处涌起一种孤独的哀伤。其实，我们那深埋已久的痛苦一直在渴望被他人看见和触摸。踏上哀伤的旅途时，我们需要他人的拥抱和见证，承认这一切的真实性，即使他们无法完全理解我们感受到的一切。哀伤是一个极为内在的过程，只有在社区的陪伴下，我们才能真正找到前行的方向。正如我的一位导师所说："这是我们无法独自完成的孤独之旅。"[1]

最近，我的朋友凯文和安妮邀请我为他们主持一个仪式。他们正面临着严重的健康问题：凯文被确诊为癌症，预后非常不好。起初，医生们给出了令人安心的治疗建议，但随后他们又指出，情况可能比最初预计的更复杂。这种拉扯让这对夫妻难以承受。凯文生活在死亡的阴影下，而安妮则被可能会失去丈夫的焦虑所折磨。6个多月以来，他们一直试图独自应对，却逐渐感到难以承受。最终，日

---

[1] 这句话出自艾拉·普罗格夫（Ira Progroff）。多年前，我曾参加过艾拉的日记写作课，学习如何通过记写日记来感受自己的灵魂。

积月累的压力开始损害他们的关系。然而,就像我们大多数人一样,他们觉得自己理应独自承受这种哀伤和恐惧——这是我们文化的期望。然而,情感上的负担终究太过沉重,他们最终还是决定寻求帮助。

经过多次沟通,他们分享了自己的想法、需求、恐惧和愿望。我们共同为仪式做好了准备。他们把这个消息告诉了自己所在的社区,在举行仪式的当天,我们20个人聚在一起陪伴他们。仪式本身很简单,简要说明流程后,我们便开始了仪式。

很明显,这并不容易做到。凯文告诉我们,他感到难以启齿。暴露自己内心深处的恐惧让他感到十分难为情。谈到感觉自己被身体背叛了以及对康复的怀疑时,凯文忍不住流下了眼泪。在我们的轻声鼓励下,他慢慢地深入与疾病有关的旧故事中。在这个过程中,他时不时地穿过那些旧故事,回到被见证和被抱持的当下。他一度抬起头说:"我这一生,从未得到过如此多的关注。"这正是他所需要的。

凯文讲完后,轮到安妮了。她坦言自己多么需要凯文刚才的袒露。她需要听他讲述整个故事,并与所有人共同承载这个故事。随着她的诉说,她逐渐意识到自己深陷在一层厚重的哀伤中。她一直独自承受着对凯文的担忧和恐惧,这种困顿使她无法寻求自己所需的疗愈。随着仪式的进行,渐渐地,他们意识到自己需要舍弃一些旧故事。我让他们暂时离开大家,花10分钟时间写下他们需要对哪些东西放手,才能真正作为社区的一分子、作为对生活本身有信心的成年人稳稳地站在这个世界上。之后,他们回到大家面前,把声明读给大家听。他们的话语充满力与美,他们清晰地知道自己需要舍弃什么,才能真正过上自己渴望的生活。读完声明后,他们将其烧成灰烬。我站在他们身旁,轻声说:"这是旧生活,此刻已化为灰烬。你们回不去了。它已经结束了。"然后,我请他们从灰烬所在的地方向后退一步,当他们准备好时,再转身面向社区。当他们转身时,房间里一边的男性和另一边的女性一起迎接了他们。安妮走向男性,凯文则走向女性。我们为他们唱歌,照顾他们,洗净他们的脚、手和脸。在温柔的关怀下,他们流下了泪水。一切都显得无比美好。最后,我让他们站在房间中央,作为两位焕然一新的成年人相遇。现在,他们已准备好迎接生活中的一切,因为他们不再孤单。

仪式结束后,安妮给所有在仪式中陪伴他们的人发了一封电子邮件:

> 寻求他人的帮助是一件好事,将我们的信任寄托在普通人做普通事所带来的治愈力量上也是一件好事。我们在周六所做的只是出席、说话、倾听,并完成了几项关于水与火的简单仪式。我们信任时间、关注和意图的炼金术。瞧!仅仅24小时过后,我们就进行了一场家庭枕头大战和摔跤比赛。作为一家人,我们有多久没有尽情玩乐了?危机、困境和持续的压力施加给我们的魔咒似乎已经被打破。
>
> 我听到并感受到了解冻的声音。

当我们放下那些应对哀伤的保护机制时，哀伤就得到了真实的表达和释放，进入社区这个"身体"之中。在这里，我们找到了灵魂所需的支持，不再惧怕暴露自己最脆弱的部分。正是在村庄这个神圣的容器中，我们找到了归宿。

我发现，人们普遍对哀伤仪式充满渴望。人们年复一年地参加仪式活动，以净化心灵的创伤。其实，大家不妨考虑一下召集一群人，共同创建一个属于你们的仪式，以承认社区的集体悲伤。仪式不需要很复杂，相反，越简单越好。南加州的一个社区曾有一名年轻人被杀害，居民们深感震惊和悲痛，不知该如何面对。我建议他们举行一个仪式，聚集在案发现场，向地面浇水，然后公开表达他们的哀伤。这个举动虽然很简单，但却抚慰了参与者破碎的心，并开启了整个社区的哀伤疗愈。

关键在于，我们要在仪式中冒点小风险，这样才能逐渐建立对自己的信任。我们需要重拾与仪式相关的知识，这将使我们在接下来的一生中，能够再次回应灵魂大大小小的需求。当我们被哀伤淹没，或者感到哀伤正慢慢耗尽生命中的光明、快乐和活力时，仪式便是一剂良药。不仅如此，仪式带来的疗愈还会向外延伸。想象一下，我们的声音和泪水能够传遍整个大陆。我相信，土狼会和我们一同嚎叫，白鹤、苍鹭和猫头鹰会发出尖叫，柳枝会俯身贴近大地。当所有的力量汇聚在一起时，一场巨大的转变就会降临，我们那巨大的哀伤所产生的呼号将在天地之间回荡。艺术家拉沙尼·雷亚（Rashani Réa）写下了一首动人的诗《未破碎的》（*the*

Unbroken），展现了我们最深的悲伤中潜藏的力量。

> 有一种破碎
>
> 孕育出连续，
>
> 有一种破碎
>
> 绽放出不朽。
>
> 有一种悲伤
>
> 超越一切哀伤通往喜悦，
>
> 有一种脆弱
>
> 在深处迸发出力量。
>
> 有一个空洞
>
> 辽阔到无法言喻，
>
> 我们在每一次失去中穿越它，
>
> 从那黑暗中
>
> 我们被圣化成形。
>
> 有一种哭喊
>
> 比一切声音都深沉，
>
> 它锯齿般的边缘割裂了我们的心，
>
> 我们在破碎中进入
>
> 坚不可摧、完整无缺的内在深处，
>
> 学会了歌唱。

第八章

进入疗愈之地：神圣的哀伤工作

悲伤越深，喜悦越大。

——威廉·布莱克

本书是一场围绕哀伤的冥想之旅。在前面几个章节中,我们了解到,悲伤能够通过丧失将我们重塑,使我们变得更加深刻。学习将悲伤紧贴我们的心,是一种精神上的修行,是无畏而坚定地贴近这个世界的本质。正如奥多诺霍所写:"生活就是在丧失的艺术中成长。"[①] 慢慢地,在一次次丧失和离别中,我们熟悉了哀伤的仪式。丧失的艺术是一种灵魂的锻造,是一个逐渐深化的过程,能够帮助我们为自己的必然离去做好准备。丧失使我们变得更加轻盈通透,也让我们的内在世界更容易被他人看见,我们因此变得更加开放和更易接近。无论丧失何时出现在我们的生命中,也无论它们出现在哪道门之外,都会使我们更加贴近大地。我们与周围的环境变得更加亲密,也更愿意向我们所爱的人靠拢。至少,这是哀伤向我们发出的真切邀请。在经历剧烈的哀伤时,我很幸运地在妻子、朋友以及更广阔的社区中,在森林和溪流、雀鸟和渡鸦的怀抱里找到了归宿。哀伤与归属感之间有着深刻的联系。哀伤确认了情感、亲密和爱的纽带。

有一次,在和一群人讨论哀伤时,一位70多岁的男士问我:"那么,哀伤的具体步骤是什么?我该如何克服这种难过?"从他早些时候的分享中,我对他有了一些初步了解。他这一生都在做科学家,

---

[①] John O´Donohue, *Eternal Echoes: Reflections on Our Yearning to Belong* (New York: Harper Collins 1999), 239.

习惯于为问题找到解决方案、公式或者方程。他曾拥有一段幸福美满的婚姻，只是，与他相爱多年的妻子不久前刚刚去世。所以，当他提出这个问题时，我停顿了一下，然后对他说："我无法接受这个问题的前提，因为它暗示了哀伤会有终点。我不这么认为。哀伤不会结束，但会随着时间的推移变得柔和，化为一种温柔的忧伤。事实上，你的哀伤就是你与妻子的新关系。它将不断地提醒你，你们是多么相爱以及共度了多少美好时光。正是这种难过让她继续存在于你的世界里。"活动结束后，他走到我面前，眼含泪水地告诉我，我对他所说的话改变了一切。现在的他，愿意接纳那遍布他整个存在的痛苦了，这是他与妻子的新关系。

夜间的工作

哀伤将我们带离平凡生活的地表，坠入一个如乌鸦翅膀般深沉的世界。这个世界属于夜晚，四周弥漫着黑暗和神秘。我们对这一景观的最初联想往往是恐惧和阻抗。然而，今天活着的每一个人都将面对无数个大大小小的失去，注定要踏上这段向下的旅程，进入地球的腹地。这是一片神圣的土地，充满人生的记忆、生命的遗产、祖先的足迹和灵魂的回响。哀伤将我们拉入地下世界，在这里，我们要以一种全新的方式——一种揭示万物神圣本质的方式——看待世界。

这段前往地下世界的旅程可能会持续数月甚至数年。在黑暗深处，我们逐渐意识到，正如诗人鲁米提醒的那样："一切都与爱和不爱有关。"① 这是一个严峻的教诲，要求我们全然投入地与夜晚以及生命中那些黑暗的时刻对话。在这里，某种成熟在悄然发生，灵魂的熬炼正需要这样特定的环境。我们拾起灵魂生活中那些被遗弃和孤立的部分，并意识到它们同样值得被爱。

在夜晚的世界中，我们需要完成什么工作？无论面对的是挚爱之人的离去、童年时期的创伤、大地及其生灵所遭受的破坏，还是我们自身的最终死亡，都需要处理几件重要的事情：在死之前"死去"、与黑暗为友以及学会放手。这些练习会使我们的哀伤逐渐成熟，进而滋养我们的生活和社区。

在死之前"死去"

在《献给俄耳甫斯的十四行诗》中，里尔克写道："请走在离别之前，仿佛它早就在你背后。"② 他鼓励我们将丧失和死亡带入生活。通过与自身的脆弱以及死亡保持近距离接触，我们能够学会在每个瞬间全然临在，即使我们知道每个瞬间都在流逝。在夜晚的世界中，我们被邀请与死亡对话，看清楚自己在怎样活着。我们是否在培养那些对灵魂来说重要的品质——生命力、参与感和亲密感，还是在回避它们，不让生活来触碰和改变我们？

---

① 鲁米《万物生而有翼》，万源一译自科尔曼·巴克斯英文译本，湖南文艺出版社，2016.5。——译者注
② 里尔克的《献给俄耳甫斯的十四行诗》是在一阵创造力的爆发中完成的。在短短几天里，里尔克完成了这首长诗，感受到了诗歌赋予他的惊人启示。——作者注。译文引自《里尔克诗选》，黄灿然译，河北教育出版社，2002.5。——译者注

在我们的一生中会经历很多"小的死亡"——友谊的终结、商业冒险的失败，或者是随着身体衰老而必然出现的一些变化。关键在于我们如何应对。有时，我们的选择可能会使生活变得狭隘；而在其他时候，通过使旧的模式消亡，我们能与更加广阔的生命体验相遇。这种不断褪去陈旧外壳、一次又一次被重塑的仪式，是一种古老的智慧，在转化仪式中被体现得尤为显著。每一次转化，都将人带到死亡的悬崖边上。事实上，没有任何真正的转化体验是不涉及死亡的。我们需要放弃对自我的旧认知，跨过门槛，进入一种彻底改变的自我认知。丧失和哀伤是一场转化仪式，带领我们进入一个不一样的场景，提醒我们一切都在流逝。通过在死之前"死去"，我们便能接受这一现实，并珍惜"活着"这个来之不易的机会。

非洲有句谚语："当死亡找到你时，确保它发现你还活着。"我喜欢这句充满智慧的谚语，它提醒我们死亡始终存在，当死亡来临时，我们最好全然地活着去面对。正如我在前面提到的，我们中有太多人"早夭"，从未完全拥抱自己的生活，没有敞开心扉去体验存在的美丽与恐怖。这在很大程度上源于我们拒绝接受生活的本来面貌，总是试图避免痛苦和折磨。我们因此无法正面拥抱这个世界，也无法充分体验生活的全部面相。相反，我们缓慢地倒退至坟墓中，固执地试图避免丧失，却没有意识到这些悲伤可能是最伟大的老师和最珍贵的礼物。这种"半生不死"的状态并不是我们来到这里要体验的生活。为了改变这一点，我们必须靠近死亡。矛盾的是，我们必须愿意与死亡共处，才能真正意识到自己是否在充分地拥抱生活。

在死之前"死去",意味着我们必须褪去那些无法滋养生命的躯壳,完全坦诚地对待自己。在参加"灵性之士"(Men of Spirit)转化仪式时,有一位男士突然意识到自己的生活是多么狭隘和受限。他猛地站起来,愤怒地把椅子扔向角落。他清晰地看到自己无意间接受了一种狭隘的生活方式,并且不断地告诉自己这样的生活有多好。这一刻,心中长久压抑的巨大哀伤喷涌而出,因为他曾为了迎合他人、获得认同而一次次地背弃自己。

审视自己的人生并修剪枯枝败叶是我们的必修课。带着未实现的梦想和未曾真正体验过的人生走向死亡,或许是我们能遇到的最深切的哀伤。我曾与许多年长的人交谈,发现他们都对一生中的未竟之事深感懊悔。我们在人世间的时间如此短暂,每个人都应该回应生命的召唤。所以,我养成了一个习惯——每天清晨醒来时,我都会第一时间把注意力放在这样一个念头上:"我离死亡又近了一天。那么,今天的我想怎样生活?我要怎样迎接我遇到的人?我该如何把自己的灵魂注入每个瞬间?我不想浪费这一天。"我发现这种练习是一种强烈的提醒,能够让我在死之前"死去"以及始终保持清醒。我的诗《燃烧的梦》(A Dream of Burning)表达了我们对充分地活着的渴望。

> 从枯木中托举出这渴望。
> 有某样东西、某个人试图伸手阻止这种上升,
> 仿佛这向上的跃动是一种反叛。

这渴望已被冻结，

在倒下的木头纹理中被困了万年：

承载着冰河时代和乳齿象的记忆。

然而，在木头深处有燃烧的梦想——火焰，

炽热和橙红色的舌头——跃入夜空，

温暖靠近的人们。

这渴望冲破了枯木的束缚。

潮虫、蜘蛛、甲虫以及那些看不见的腐败世界的主宰者

终于可以休息了。

为火而生的枯木，现在正是你燃烧的时刻。

与黑暗为友

步入夜的世界，意味着我们进入了黑暗的领地。在这里，我们伴着阴影和耳语前行。有时，我们几乎看不清自己身处何方，唯有伸出双手，尝试抓住某种坚实的东西支撑我们。置身于夜晚的世界，可能会令我们感到不安和恐惧。白昼所带来的确定性已不复存在，我们正踏入生命中那些未知且未被定义的维度。哀伤带我们进入了一个不一样的领域，在此，我们必须发展出全新的感知方式。我们必须学会在黑暗中看见。

在这片黑暗中，我们对另一个世界变得敏感和开放。悲伤使大

地出现了一道裂缝，让我们能够触摸到其他世界，哪怕只有片刻。我们得以瞥见一种远超日常生活的更广阔的现实。对于某些人来说，这是一个通往充满敬畏和奇迹的神圣世界的入口。对于另一些人来说，这印证了他们内心的直觉——在这个世界的背后，确实存在着另一个世界。无论怎样，哀伤都给我们带来了启示：在巨大的丧失中，我们与神圣相伴。

在我们的文化中，神圣往往与天堂、天空和光明紧密相连。我们偏爱"上升"，喜欢看到事物朝向光明发展。当我们陷入低谷或者向下坠入黑暗时，心中会充满不安。然而，当我们将神圣局限在"天堂"这个狭窄的范围时，便无视了处在黑暗中的圣洁——它存在于大地的根系中，存在于身体的阴影处，也存在于孕育生命的子宫里。700多年前，神秘主义者迈斯特·艾克哈特（Meister Eckhart）写道："这是什么黑暗？它叫什么名字？请把它唤作'能让你变得完整的敏感天赋'、你'脆弱的潜能'。"里尔克补充说："然而，无论我朝自己的内心深处走多远，我的神依旧是黑暗的，就像由上百条树根编织而成的网，在沉默中汲取养分。"[1]

被哀伤的波涛淹没时，我们进入的黑暗就成了我们的归属之地。它如子宫般丰饶，是我们从大地深处歌唱时贯穿身体的"杜安德"（duende）生命力，是大自然通过我们的感官以及大地的身躯所传

---

[1] Rilke, "I Have Many Brothers," in *Selected Poems of Rainer Maria Rilke*, trans. Robert Bly (New York: Perennial Library, 1981), 15.

递的那份静谧脉动①。与黑暗为友，为我们打开了一个代谢悲伤的抱持空间。这个地下世界是转化之旅的圣地，在这里，哀伤的双手将我们重塑。也正是在这里，我们跟着悲伤做学徒的经历以及我们真正活着的能力得以深化。这是梦境时间，灵魂在此苏醒，呼吸在此同频。

学会信任黑暗需要时间和多次造访。通常来说，我们的到来并非自愿。我们被抛入黑暗，或者在低沉的情绪中被引导至此。如何看待这次造访，取决于我们自己。请铭记：黑暗同样是神圣的居所。它能让我们在下沉的过程中找到意义。在这片无光之地，我们会培养出一种特殊的视力——预见力。

我的一个朋友与黑暗的相遇始于父亲的去世。他与父亲一向冲突不断，然而，在父亲临终的过程中，某种东西发生了转变，两人之间的关系变得柔和了许多。他在父亲去世的那一刻抱住了他，这象征着这段关系在他内心发生了深刻的改变。父亲去世后，他进入夜晚的世界，在这里，他以全新的方式与父亲相遇。在他的梦境中，父亲祝福他，赠予他礼物，在某种真实的意义上为他们过去的痛苦生活赎罪。当我的朋友分享他的梦时，我能感觉到他看待事物的视

---

① Federico Garcia Lorca, *In Search of Duende*, ed.and trans. Christopher Maurer (New York: New Directions Pearl, 1998.) 杜安德的概念源自西班牙的安达卢西亚人。杜安德是一种从黑暗的大地上升起并通过脚底传递出来的能量。它通常在诗歌、音乐和舞蹈的深刻表达中展现出来。它的情绪能将我们拉向地面，引向野性且充满生机的事物。洛尔迦（Lorca）在1933年发表的一篇名为"杜安德的理论与游戏"（Theory and Play of Duende）的演讲，是对杜安德做出的最明确的阐述。

角发生了变化。这里的重点不在于他的父亲是否真的能从亡者的国度对他讲话，而是这些梦让他的视线"穿透"了另一个世界。当他对另一个世界敞开心扉时，疗愈的能量便开始在他们父子之间双向流动。这一切都发生在黑暗中和梦境里，在这里，某种神奇的炼金术将丧失转化为了感恩。

在某首诗中，里尔克描绘了我们在漆黑的深夜里需要重新找回的信念：

> 你黑暗啊，我出生于你，
> 我爱你更胜过爱火焰，
> 火焰界限了世界，
> 火焰闪动，
> 为了某一个圆，
> 圆之外，无人知晓火焰。
>
> 而黑暗却将一切抓在一起，
> 褶裥与火焰，——
> 黑暗攫取的还有
> 人类与权利……
>
> 可能发生的是：一股巨大的力
> 跳动在我的附近：

我信奉黑夜。①

愿我们在黑暗中找到对灵魂、社区以及我们这个时代最重要的事物。愿我们从现代物理学所描述的那滋养万物的深渊（all-nourishing abyss）中汲取智慧，并将其奉献给这个困顿的世界。

学会放手

我们在生命中经历的每一次失去，都能把我们变得更加深刻，将灵魂生活的河道拓宽，使灵魂的流动更加丰盈。随着我们逐渐熟悉悲伤，不再抗拒它带给我们的酸甜苦辣，我们对这个世界的爱意也会加深。即使我们意识到自己的生命终有尽头，也会心怀感恩，因为这段时光、这些特定的人以及这个令人赞叹不已的美丽星球，都是我们得到的馈赠。

有一位女士参加了我们举办的哀伤仪式。她与癌症断断续续地抗争了20多年，最近，癌症以一种激烈的方式复发了。当她听说这个仪式后，便打电话给我，询问这能给她带来什么好处。我们花了20多分钟讨论在仪式中她可能会经历什么。她最终决定参加这个仪式。

周五晚上，我们邀请大家谈谈与自己一同踏入房间的是什么哀

---

① 译文引自《里尔克诗全集》第二卷《原初与未刊诗集》，陈宁译，商务印书馆，2016.1。——译者注

伤。每个人都有自己的丧失——有因自杀失去孩子的母亲，有房屋被止赎的人，也有失业的人以及怀揣其他各种哀伤的人。轮到这位女士发言时，她说自己可能只剩下几个月的生命了。当她这么说的时候，我不禁想起西非达加拉（Dagara）文化中的一个传统：当一个人身患重病，徘徊在生死之间时，会被视为一个"活着的圣地"——与另一个世界的靠近，使其成为神圣力量的栖居所。

这位女士以优雅和尊严承载着"活着的圣地"的能量。她的话语精准而真诚，她的文字优雅而坚定。仪式正式开始后，她毫无保留地尖叫、号啕和哭泣。她在圣地倾尽了自己的所有。几周后，她发来了一封电子邮件："过去这几天充满哀伤和荣耀，我们共同经历的这一切，使我能够以更深入、更充实的方式与他人及自己相处。我们的哀伤仪式已经在我的生活中激起了涟漪。在一个庆祝具身的地方，以一种具身的方式与大家待在一起，真是一份宝贵的礼物。我能感觉到，自己在这个世界上站得更稳了。这份礼物于我而言是无价之宝。"

这个世界上的每一个人最终都会走到生命的尽头。与哀伤的熟悉程度是我们能否优雅和临在地进入这一过渡期的关键。直面哀伤能够使我们活在当下，确保我们这一生中的悲伤都能得到触碰和承认，不再将我们拖回过去。我们的生命故事有一种引力，迫使我们面对那些未了之事。将这些故事摆在眼前，清醒地意识到它们并与他人分享是至关重要的。只有这样，它们的重量才能将我们拉入这个世界，更深地进入生活。如果我们否认哀伤的存在，它就会悄悄地溜到我们背后，以不可抗拒的引力将我们拉离生命的活力。当我们伸出双手，赋予哀伤一个底座时，便能听到那些隐藏在哀伤中的故事——它们渴望我们的触碰和关怀。

在《当死亡来临》（*When Death Comes*）这首诗中，奥利弗提醒我们，所有人都会不可避免地进入夜晚的世界。然而，她的文字并未沾染焦虑，而是充满好奇。

当死亡来临
像秋天里饥饿的熊；
当死亡来临并从他的钱包里取出所有闪亮的硬币

买下我，随即啪的一声把钱包扣上；
当死亡来临
像麻疹来袭；

当死亡来临
像插在肩胛骨之间的冰山，

我想带着好奇心穿过那扇门，
去探寻：
那黑暗的小屋会是什么模样？

因此,我把一切
都看作兄弟姐妹,
时间只不过是一个概念,
永恒是另一种可能性,

我把每一个生命都看作一朵花,
平凡如田野中的雏菊,却又独一无二,

每一个名字都是唇齿间的美妙旋律,
像所有音乐一样,终归寂静,

每一具身体都是勇敢的狮子,
是大地所珍视的宝藏。

当一切结束时,我想说:
这一生我是嫁给惊奇的新娘。
我也是把世界拥入怀中的新郎。

当一切结束时,我不想怀疑
此生是否过得独特且真实。

我不想发现自己终日悲叹、恐惧,

或者充满纠结。

我不想最后仅仅做了这个世界的过客。①

哀伤,这个神秘的存在,能够帮助我们与它的另一面——感恩——保持紧密联系。在离开这个世界时,存在于哀伤与感恩这两姐妹之间的微妙张力,能够帮助我们避免"悲叹、恐惧,或者充满纠结"。因此,我们更加无拘无束地热爱生命。而当最终的时刻来临,不得不放手时,我们也能坦然放下。

说再见会带来一种哀伤,宛如一根纤细的丝线般难以把握。我们注定要告别这闪亮的世界,脱下这身优雅的皮肤,把我们的故事交给清风,把我们的骨头还给大地。道别从来都不容易,而在日常生活中,我们几乎不会考虑这件事。

我们该如何说再见?我们该如何铭记生命中那些美好和珍贵的事物——我们所爱的人、用善意触动我们生命的人以及庇护我们成长的人?我们该如何放下落日的余晖、爱意的交融、石榴的甘甜以及悬崖边的漫步呢?然而,我们必须放手。最终,我们必须用最后一口气与这个精彩绝伦的世界告别。我们会怀念这个世界。对孩子而言,时间仿佛永恒,但事实上,它正快速地驶向终点。人生是一场短暂的旅程,充满无法想象的喜悦和悲伤。写下这些文字时,一

---

① Mary Oliver "When Death Comes," in *New and Selected Poems* (Boston: Beacon Press, 1992), 10.

种忧郁笼罩着我,一种可以预见的哀伤充满我的心——终有一天,我将再也见不到黎明。我不知道死后会发生什么,但我几乎可以确定,这种与寒冷和炎热、灿烂阳光和银色月光的感官接触将不复存在,这让我感到哀伤。这是一种甜蜜的哀伤——正如人们所说的"苦乐参半"——对此境况,我已释然。若非如此,我怀疑我们是否还能将生命视为奇迹。

与告别相关的哀伤还有另一面。我们必须意识到,随着我们的离去,他人会感受到悲痛。这是一种格外温柔的悲伤,因为我们有幸走进了他人的心。我们必须在灵魂中承受这种温柔的悲伤。被他人所爱是极大的荣幸。荣格分析师艾伯特·克雷因赫德(Albert Kreinheder)写过一本十分感人的书,在书中,他这样描写临近死亡的体验:"如果说离别是一种甜美的悲伤,那么死亡则是所有悲伤中最悲伤的,同时也可能是最甜美的。它不仅是与爱人、家人和朋友的告别,更是与那些我们热爱却再也无法做的事,以及所有想做却未曾完成的事的最终告别。否认死亡带来的巨大悲伤是一种虚假的勇气。"[1]

克雷因赫德接着进行了最真挚的表白:"即使我能够真正地镇定下来,为这个伟大的转变做好充分的准备,我仍会为爱我的人感到难过。我为他们的哀伤而哀伤。想到他们将要承受的痛苦,我感到

---

[1] Albert Kreinheder, *Body and Soul: The Other Side of Illness* (Toronto: Inner City Books, 1991), 110. 克雷因赫德在确诊癌症后写下了这本动人的书。作为一名荣格分析师,他把在患病过程中学到的一切当作礼物献给了大家。

深深的痛苦。纽带破裂,曾经存在的一切都将不复存在——触碰抚摸、眼神交流、同进同出。那些有意义的日常习惯已经永远消失,并且被深深地怀念。"

这种悲伤蕴含着一种脆弱感。部分原因在于,这种悲伤意味着我们对他人很重要,我们的存在影响了他们,他们会因我们的离去而哀伤。一位参加仪式的男士分享了他刚萌发的哀伤,因为他想到如果他突然离世,他的女儿将会多么痛苦。意识到我们所获得的爱并铭记于心是很重要的,这些纽带将会因我们的死亡而改变。怀着这样的意识,我们便能在活着的时候更加充分地拥抱这些连接,毫无保留地去爱,去为那些接纳我们进入他们内心的人付出。参与公共福祉癌症帮助计划的一位女士分享道,她和丈夫逐渐意识到,他们很少在身体或者情感上共享亲密时光。谈论此事时,他们震惊地发现,在某种无意识的层面,他们都在回避彼此,以防死亡进入他们的意识。她流下了因为爱另一个人而产生的眼泪。她决心向丈夫敞开心扉,接受他们之间一直存在的苦乐参半的真相。

几年前,我正在教授男性转化仪式培训。那个周末的教学主题是哀伤,临近傍晚,我提出举行哀伤仪式,或者试试看我想出来的另一种仪式——我将其称为死亡仪式。他们对此很感兴趣,要求我进行详细说明。于是,我分享了我在想象中看到的内容。在这个仪式中,我们会挖两个15厘米深的坑,然后退到一段距离外唱歌。之后,有人会倒地,我们会将他抬到坑里,用一块布盖住他,然后继续唱歌。这个仪式的目的是让我们每个人都能被兄弟们抬到"坟墓"

里，然后躺在那里体验生命的短暂。

然而，实际发生的事情完全出乎我们的意料。在第一个人倒地并被抬进"坟墓"后，想到失去了一个兄弟，一阵哀伤在人群中爆发开来。仪式的关注点突然就转移到了向我们所爱的人告别。躺在"坟墓"里的人听到了兄弟们"演奏"的一场奇妙的悲伤交响曲。哀伤的呼号令我们感到震撼，仪式不知怎的彻底走"歪"了。第二天早晨醒来时，我们仿佛是从另一个世界回到这个世间，感受到了彼此之间更深的亲密。

这个仪式让我们直面痛失所爱的现实。放手是一项很难掌握的技能，然而，我们别无选择，只能练习。每一次失去，无论是个人的失去，还是与他人共同经历的失去，都是在为我们自己离去的时刻做准备。放手并非意味着被动接受，而是觉察到了世间万物的短暂性。这样的觉察邀请我们在当下全情去爱，因为我们所爱的就在此时此刻。

第九章

成为祖先

在我所有悲伤的深处，我感受到一种不独属于自己的存在。

——苏珊·格里芬

有时候，一切都变得过载。悲伤之杯不仅装满了，还在不断溢出，而我们的承受能力也受到了严峻的考验。我们每个人或多或少都经历过，或者将要经历这样的时刻：外界的事件和环境如海啸般冲击着我们，我们像玻璃般碎裂，变成散落在地的尖锐的碎片。有时，这种破碎感伴随着我们的丧失而来，因为我们对自己所失去的一切都怀有深沉的爱。炽热的哀伤从爱里涌现出来，在我们的存在中燃烧。然而有时，那吞噬我们的哀伤来自外部世界，仿佛远处的风暴云悄然汇聚，随着雷鸣般的巨响倾泻而下，把我们浇得落花流水。这正是我在这里所说的悲伤。

那是最近的一个棕树节。这个节日在我年轻时具有特殊的意义：纪念耶稣进入耶路撒冷时受到的欢呼。然而，今年的这一天却在忧郁中开始——社区里一名新生儿的健康状况堪忧，我们被一种哀伤的预感所笼罩。消息传来，婴儿情况不妙，他可能活不下来了。最终，他还是没能挺过来。那天清晨，当我听到他去世的消息时，心中涌起了深深的悲痛。我知道，这个年轻而脆弱的家庭正沉浸在爱与丧失交织的茫茫大海中。面对这个只存活了几天却能同时打开和打碎我的心的生命，我流下了苦乐参半的泪水。它如此猛烈地提醒我们，这一切——我们的身体、我们的纽带、我们的呼吸——是多么脆弱。

事实上，在当天晚些时候，我的精神彻底崩溃了。那天结束工作后，最后一次查看信息时，我看到了一个名叫迈克的人的死讯——

他开枪自杀了。我反复读了几遍这条消息，从桌子旁站起来，踉跄地走进客厅。我的妻子本来在沙发上打盹，但她突然醒来了，然后看了我一眼，说："你看起来很震惊，发生了什么？"她说得对，我确实很震惊，仿佛彻底被这条消息击垮了。我的内心惊慌失措，灵魂中的某个重要部分好像突然逃离了。我感到脚下的地面似乎瞬间消失了。我把迈克的死讯告诉了他。我什么都做不了，只是呆呆地站在那里。

我不得不说，真正使我感到心神错乱的并不是迈克的死。我们只是最近才认识，虽然我觉得我们可能会成为朋友，但目前还谈不上有多么深厚的感情。这个消息确实令我感到难过，但并没有那种失去一生挚友的深切哀伤。那么，为什么我会有如此强烈的反应？为什么他的死讯令我如此不安？我逐渐意识到，他的死释放了我内心对整个自杀文化（我们这个致命的、吞噬自然的、决心走向集体毁灭的社会）所积压的情感。我内心的否认机制被粉碎了，与人们总能在最后一刻拯救世界（就像在那些好莱坞冒险电影中一样）的幻想一同破灭。接下来的两周，我拖着自己在这个世界上行走，几乎感受不到任何味道或者触感。我在前文提到的那片阴影之地上行走，与周围欣欣向荣的一切隔绝开来。这一切都发生在春天的野性大爆发中，空气中弥漫着丁香和忍冬的芬芳，鸢尾花和李子花竞相绽放。而我那可爱的孙子，正欣喜地享受自己的新技能——走路和跳舞。所有的一切都荡漾着蓬勃的生命力，却也都被阴云笼罩了。或者说，这一切被一层面纱遮住了，使我与生命之间产生了隔阂。

随着四起自杀事件的消息传来,以及一位亲密朋友被诊断出患有严重的癌症,悲伤的浪潮愈发汹涌。太多的死亡在我周围盘旋,我只想躲起来。我记得在和妻子谈论我的状态时,我说:"我们能不能就此打住?"我不想再谈论这些,我只想逃跑,躲进一个安静的角落,但我却无处可逃。无论破碎的究竟是什么,它同时也带走了我以往的应对方式。我正在面对自己内心最深处的悲伤。

这段日子里,我的思绪挣扎不休,每一个念头都引发了相应的情感波动,使我的生活充满挑战。其中,许多想法都极其令人不安,使我陷入一种绝望的情绪之中。这并不是我所熟悉的状态。我曾是个永恒的乐观主义者,总是能捕捉到即将来临的救赎信号。然而现在,迈克的死亡以及其他所有死亡的阴影在我内心盘旋不去,我找不到前进的方向,也看不到通往疗愈的道路。一切都显得无比黯淡。

有一天,我在家里四处走动,顺手拿起了一本朋友借给我的书——佩玛丘卓的《生命不再等待》[①]。不知何故,我决定阅读这本书。书中的文字让我感到一丝慰藉,这是几周以来我第一次感觉到一股新鲜空气涌入我的肺部。我特地记下了书中一句格外打动我的话:"菩提心激发出的无畏的勇气。""无畏的勇气"这一说法打动了我。我感觉到,这是一种隐藏在绝望中的邀请。此刻的我,或者说我们,正被邀请在面对极端的丧失时培养无畏的勇气。这种新的觉悟让我开始重新思考那些压迫我的死亡。外界并没有发生任何改变,死亡

[①] 引自佩玛·丘卓《生命不再等待》,雷叔云译,陕西师范大学出版社,2010.1。——译者注

和潜在的崩溃依然如影随形，但在我的内心，某种微妙的变化开始发生，一个新的"底座"逐渐成形。这次"下降"深化了我内心的体验。我的绝望是对过多的死亡和丧失（无论是亲友、森林，还是文化的消逝）所产生的自然反应。我的心，这颗美丽而脆弱的心，一度被压得喘不过气来，找不到一个支撑自己的底座。不知不觉中，我的生活开始发生一些微小的改变。我开始整理家中的办公室，打造新的书架，把所有东西从地板上移开。我行动起来了。重新让某些东西动起来是有帮助的，这意味着我又重新回到日常生活的节奏中了。我再次露出笑容，感受到了妻子的触摸带来的温暖、朋友的问候蕴含的善意以及这个世界本身就有的美好。

只不过，我感到脚下的地面依然不稳，仿佛随时都会剧烈晃动，将我击倒在地。这时，我偶然读到澳大利亚禅宗僧侣兼作家苏珊·墨菲（Susan Murphy）提到的"大地公案"（koan of the earth）[①]。我们该如何解答这个时代的谜题？如何在破碎不堪的文化与支离破碎的心灵碎片中筛选，重新回归"就在那令人窒息的恐惧之中所蕴藏的，我们本来就有的完整性和它所赋予的自由"。这正是我的绝望所涉及的核心问题，它在我的悲伤中逐渐成熟。这一次，哀伤和绝望的内在体验与以往不同，它不再聚焦于个人的丧失——我的过

[①] Susan Murphy, *Minding the Earth, Mending the World: Zen and the Art of Planetary Crisis* (Berkeley: Counterpoint, 2014), 31. ——原注。此处化用了云门药病相治公案："云门示众云：'药病相治，尽大地是药，那个是自己？'"引自《五灯会元校注（五）》，释普济撰，曾琦云校注，华龄出版社，2023.12。——译者注

去、创伤、丧失、失败和失望。它来自地球本身更宏大的脉动，经由人行道、购物清单、交通堵塞和水电账单蜿蜒而来。在现代生活的各种需求中，地球与心灵之间的亲密连接正在被重建，或者更准确地说是被重新记起。个人可以与他人隔离开来的幻想正在逐步瓦解，突如其来的恐惧、绝望以及哀伤所激发的慈悲，使我与大地的身躯重新连接。

这之后不久，科罗拉多州的一位杰出作家和灵魂倡导者卡罗琳·贝克（Carolyn Baker）邀请我参加她的电台节目，就哀伤以及文化与地球危机展开讨论。节目开始前，卡罗琳发给我一系列需要思考的问题，其中包含一些也许是我遇到过的最具挑战性的问题。这些问题与地球的现状有关，涉及全球经济崩溃的可能性、加州的干旱及全球水资源短缺、日益加剧的灾难性气候变化，甚至人类即将灭绝的可能性。这一系列发问最终引向了一个核心问题："鉴于此，有些人会问：哀伤究竟还有什么用？我们完蛋了呀，地球被我们杀死了，为什么不提前离开这个星球？为什么不想办法逃离这个糟糕的现实，或者干脆现在就结束生命？真的，我真的要问你，弗朗西斯，为什么你认为对当下来说，哀伤是重要的？"

我在星期五晚上打印出了这些问题，并反复阅读。我不知道该如何回答贝克问的这个关于哀伤的核心问题。我带着它上床，让它在我心中慢慢酝酿。第二天早上，在前往索诺马州立大学做哀伤讲座的路上，我对妻子说："我知道答案了，这与礼仪有关。"我的回答引发了她的思考，我注意到她的身体逐渐放松下来。她说："这感觉很对。确实如此。"

在这个时代,礼仪似乎显得有些过时了,我们不太关注它。然而,在回答这个问题时,礼仪两个字却浮现在我眼前。这让我开始思考它在我们的文化、人际关系乃至更广泛的生态中的地位。

答案是显而易见的,礼仪通常只在我们对待其他人类时才体现出来。对于更广阔的世界,比如水域、河口、土壤群落和生态交错带,我们很少以得体的态度相待。然而,全世界范围内的传统文化表明,情况并不总是这样。美洲原住民的许多行为都受到伦理和礼仪的约束,因为它们与自然和村庄的福祉紧密相关。他们觉得自己的一切都是这个世界给予的,要想与世界保持正确的关系,礼仪至关重要。违反礼仪,可能会导致麋鹿、野牛或鲑鱼感到被冒犯而暂时消失,使得人们的生存面临巨大风险。

采集植物、浆果、种子以及狩猎的仪式,对这片土地的原住民来说具有重大的意义。他们本能地知道,人与自然之间的关系建立在尊重、互惠和克制的基础上,也就是要遵循良好的礼仪。

我们同样需要恢复一种更加有礼仪的生活,因为这不仅与我们自身有关,更与抱持我们的生态系统息息相关。加里·斯奈德(Gary Snyder)指出:"合乎伦理的生活是有觉知、有礼貌且有风度的。在所有的道德瑕疵和性格缺陷中,思想的狭隘是最糟糕的,它涵盖了各种形式的自私。粗鲁地对待他人或者大自然,无论是在思想上还是行为上,都会减少我们和他者之间的友好交流,而这种交流对我们的身心存续来说至关重要。"[1] 斯奈德提醒我们，伦理生活与我们对蹄爪、翅膀、树枝等更广阔的自然环境的感性态度有着实质性的关联。失去与谢泼德所说的"美丽而奇特的他者"和谐共处的机会，不仅削弱了我们的内心世界，也削弱了外在世界。每当我们封闭心灵、停止关注这个生机勃勃的世界时，就会在某种程度上死去。

在此，我们又回到了"哀伤究竟还有什么用"这个问题上。其实，除了要互相尊重之外，还有一些更深层的、基于爱的礼仪，这些礼仪源自我们内心对周围世界的亲近。温德尔·贝瑞（Wendell Berry）写过一篇名为《一切都取决于情感》（*It All Turns on Affection*）的文章，其标题已经说明了一切[2]。如何培养这种情感是我们关注的核心。正如斯奈德所提到的，身心的存续问题至关重要。

这些想法不断地在我脑海中交织，直到星期天晚上接受贝克的采访时，我仍然不确定该如何回答她的问题。但当她真的提出那个核心问题后，我不由自主地停下来深吸一口气，然后说道：

> 这是一个很大的问题，不是吗？我觉得自己的想法介于这两者之间：一个是乔安娜·梅西所说的"伟大的转折"（Great Turning），另一个是我们应该为自己写讣告。我不是十分确定在这个过程中我们处于什么位置。如果说作为一个物种我们正面临着即将消失的困境，那么，归根结底

---

[1] Gary Snyder, *The Practice of the Wild* (North Point Press, 1990), 21.
[2] Wendell Berry, *It All Turns on Affection: The Jefferson Lecture and Other Essays* (Berkeley: Counterpoint, 2012).

这是礼仪的问题。

假如我们必须离开,那么出于尊重和礼貌,我们应该尽力减轻对生态系统的伤害。尽管我们这个物种要消失,但其他物种将会继续存在。如果鲑鱼正在回归,我们应该竭尽全力使它们的栖息地保持清洁,清除那些阻碍它们产卵的障碍。我们应该尽力确保森林恢复到最初的繁茂状态,让所有物种都能回归。我们应该付出一切努力,这是一种深层次的礼仪。这样一来,我们就能再次回到心的层面,不是吗?

我感受到的这一切,使我与自己生活的地方、与水域和家园再次建立了深刻的连接。你问道:"如果现状已经这样了,哀伤究竟还有什么用?"我们要哀伤,因为无论我们是否离开,都必须从灵魂层面对这个生生不息的地球负责。我觉得,无论如何,我都必须尽自己所能去感知地球的悲伤,这非常重要。我们必须记住,我们感受到的很多哀伤并不是自己的。是的,它不是个人的——我们感受到的是大自然的悲伤。

为什么要进行哀伤工作?为了让我们感知到地球的悲伤,并且,无论是从道德上还是精神上来说,我们都有义务竭尽全力为即将到来的一切做好准备,让它们拥有更好的存续机会。它们有这个权利。

每一种生命都有权延续和传承至无尽的未来世代，如此一来，孩子的梦想、鲑鱼的梦想、叉角羚和草原犬鼠的梦想，以及谷橡树和座头鲸的梦想都能保持鲜活。尽我们所能确保所有生物的延续，不仅是一件正确的事情，更是一种礼仪。

跟着悲伤做学徒，不知不觉就来到了这里，来到了文化边缘和充满不确定性的时代边缘。在与丧失的多次相遇中，我们不断地被重塑——变得更加深刻和成熟。在漫长的悲伤之旅中，我们有责任收集智慧并将其传递给其他人。在疗愈之地，作为被悲伤锤炼过的长者，我们携带着灵魂的药方，可以为那些刚刚开始学徒生涯的人提供帮助。也许，现在的我们可以建立一种新的文化——一种尊重灵魂和世界之魂的文化。

最后，我想与大家分享一个在培训中发生的故事。参加培训的是一些正在学习"灵性之士"转化仪式的男士。在最后一个周末的某个晚上，我邀请这些男士参加一个纪念祖先的仪式。显然，有些人对此心存顾虑，因为他们与已故的父母或者祖父母的关系充满坎坷和痛苦。尽管如此，我仍然鼓励他们试着表达感激之情，因为生命本身就是无价的礼物。我告诉他们我们会一起击鼓，并邀请他们舞动身体，通过动作向另一个世界表达感激之情。我还告诉他们，在仪式的某个节点，鼓声将会停下，那时他们需要平躺在地上。

击鼓声响起。在接下来的一个小时里，男人们随着鼓声起舞，向他们的祖先表达感激之情。其间，有人流下了泪水，有人发出了呐喊，有人动作激烈地挥舞双臂，有人缓缓地前后摇摆。在这个纪念和感恩的时刻,每个人都全身心地沉浸其中。在几支火炬的映照下,他们的脸显得柔和而温暖。在这个小小的团体里,一股疗愈能量正在四周流动。

随着鼓声渐渐停息,男人们纷纷躺在了地上。我走到他们中间,对他们说:"我们的愿景已经实现。现在是200年后的未来,有一群年轻人正在等待他们的转化仪式正式开始。我们的名字早已被彻底遗忘。没人记得我们是谁,也无人知晓为了让这一梦想重归村庄,我们曾付出的努力。但是,他们需要我们的支持,需要我们的爱和鼓励。现在,将你们的祝福送给这些年轻人吧,让他们感受到自己正从一汪古老的泉水中汲取无尽的力量。"

鼓声再次响起,躺在地上的男人们缓缓地伸出双手,仿佛在托举整个世界。有人慢慢地站起来,重新开始舞动。起初,他们的动作微小而克制,随着时间的推移,逐渐转化为充满活力的律动,仿佛将祝福化作箭矢射向未来的年轻人。空气中充满能量,祈祷声自发地伴随着鼓声响彻四周。时间仿佛凝结,当下的现实让人感受到:我们正在进行一项关乎生命延续的神圣工作。我们祈祷这些年轻人能找到一个欢迎他们的村庄,那里有无数双眼睛注视着他们,有无数双手在他们的一生中拥抱他们。我们祈祷他们踏入一个活力无限、丰盈有趣和枝繁叶茂的绿色世界。我们祈祷他们能够体验到温柔和爱、友谊和美丽。

鼓声渐渐停息,祈祷声仍在继续。男人们继续诉说、哭泣,将手伸向这个充满生命的世界,恳求年轻人接受我们的祝福。最后,在寂静中，我们彼此对望，意识到我们已经深深地被这个仪式改变了——我们正在慢慢地成为祖先。

在这个世界中，有太多需要我们关注的事物，有太多生命正面临威胁或者在艰难求生。这是我们心知肚明的事实。哀伤是对这些痛苦现实的见证，也是我们对它们的回应。哀伤确认了我们与所有生命之间固有的那种深刻而亲密的关系。当我们离开这里时，必须带着这样的心情：为了未来的世代，为了这片甜美的土地，为了我们深爱的一切，我们已竭尽所能。当我们离开这里时，让我们祈祷，在我们离开之后，生命能够一直存续。愿鲸鱼依然延续它们数百万年来的迁徙旅程；愿雪雁仍旧遵循本能，从北极飞向冬季栖息地再返回；愿帝王蝶继续成群地飞舞，用它们的美丽装点天空。无论我们是身处这个世界，抑或已经进入祖先的广袤领地，都有许多事物值得我们关怀。正如鲁米所说："这一夜将会过去，然后，我们都有工作要做。"[①]

[①] 鲁米《万物生而有翼》，万源一译自科尔曼·巴克斯英文译本，湖南文艺出版社，2016.5。——译者注

自助资源

接下来,我将介绍一系列能使哀伤在身体和灵魂中流动的练习和仪式。我们必须锻炼自己应对悲伤的能力,在深陷哀伤的时刻,为自己提供必要的支持。

关于练习的一些思考

任何一个拿起过乐器、画笔、毛笔、网球拍或者针线包的人都知道,哪怕只是为了略微熟练地使用这些工具,也必须投入大量的时间和精力进行练习。我们的内在生活也是如此。要想培养一个平静的内在世界,我们需要掌握一些能够稳定内心思绪和情感风暴的练习,因为这些思绪和情感常常令我们心神不宁、焦虑不安。许多冥想练习的目标正是为了使内心变得平静。在我们跟着哀伤做学徒的过程中,同样需要一些练习来帮助我们以慈悲心去包容那些伴随丧失而来的强烈、刺痛的情感。以下是关于练习带来的价值的一些思考。

练习提供了压舱石

我们每个人都曾身处"巨大的风暴中"。在狂风怒吼、暴雨倾盆的时刻，我们很容易被滔天巨浪冲击得身不由己。而练习能够帮助我们扎根，让我们的内在拥有依托，如同系在某个牢固的基石上。大自然中的一幅画面恰好能够生动形象地展现这样的场景。加州海岸有大片海带床，它们随着水流摇曳，却被一种强有力的"固着器"牢牢地固定在海底。它就是"牢牢地粘在岩石上的一把结实的指节，通过阳光在盐水中产生的'胶水'形成一种无形的连接。这种隐形的纽带足够强壮，几乎能够抵御所有的风暴"[1]。

练习就是一种固着器，它为我们提供了支撑，能够让我们在恶劣天气中保持稳定，在困难时刻被牢牢地固定。我们无法控制风暴的猛烈程度，但是，通过稳定而持续的练习，我们可以培养固着器的抓力，让自己在风暴中屹立不倒。

练习是一种容器

容器这一概念源自炼金术。古代的炼金术士意识到，无论做什么工作，要想深入，都需要一个抱持空间、一个安全的容器。容器既能容纳又能分隔，可以使我们专注于手头的事务。然而，容器必须慢慢地、长期地、反复地和细心地建造。假如我们对一个薄弱的容器施加过大的压力，它就会破裂。在失败的关系里或者放弃的项目中，我们能够看到同样的现象。正如希尔曼所说："在你的耐心中，

---

[1] Kathleen Dean Moore, *Holdfast: At Home in the Natural World* (Lyons Press, 1999), 13.

存在着你的灵魂。"①

练习能够加深我们与源头的连接

德国神秘主义者艾克哈特写道："上帝是一条深邃的地下河，没有人能筑坝蓄水，也没有人能阻止它的流动。"②这是一个美丽的意象，但我们怎么做才能汲取这永恒的清泉呢？其实，任何刻意练习都可以成为挖掘水井的方式。沉默、祈祷、写作、舞蹈、绘画——任何饱含虔诚和奉献的行为都可以成为一种神圣的仪式，使我们接触到可见和不可见的生命源泉。然而，水井一旦挖成，就必须不断地从中汲水，否则，滋养水井的毛细管就会闭合。正如诗人奥利弗所说，反复回归瑜伽垫、写字台或者大提琴前的练习是一种"守约"。这种坚持能够逐渐锻炼出灵魂的"肌肉"。要想承受从无意识中浮现的事物，特别是在哀伤的时候，需要巨大的心理力量。为了面对在悲伤时涌现的情感、意象、记忆和思绪，我们需要地下河水的滋养。

练习能带来启示

当我们坚持不懈的时候，其实也是在为新事物的到来腾出空间。任何从事创造性工作的人都明白这个道理。耐心、用心地重复，能够打开通往惊喜和启示的大门。在哀伤的时刻，我们常常感到停滞

---

① Hillman, *A Blue Fire: Selected Writings by James Hillman*, ed. Thomas Moore (Harper and Row, 1989), 133.
② Matthew Fox, *One River, Many Wells* (New York: Tarcher/Putnam 2000), 5.

不前，仿佛陷入泥沼。然而，随着时间的推移，意象逐渐显现，情感开始流动，某些东西会提醒我们：在某种程度上，我们已经有所转变——不一定是变得更好，但变化确实发生了。我陪伴过许多处在哀伤中的人，他们的梦境和意象令人感到震撼和敬畏。练习保持了流动，使得启示的出现成为可能。

练习能让被边缘化的声音发声

我们是情绪、情感、思绪和自我的大杂烩。在大多数情况下，我们会把不受欢迎的兄弟姐妹们隔离到城市的边缘。然而，练习认识到这些声音是幸福的重要组成部分，会邀请它们参与其中。在哀伤的时刻，我们被要求接纳自己脆弱的一面。矛盾的是，再次接纳并欢迎那些被文化视为无用的部分，需要相当大的力量。哀伤工作邀请我们扩大欢迎和接纳的范围，让那些处在边缘的声音重新回到位于中心的火焰旁。

练习能够增加心灵世界的温度

所有的变化都需要一定的强度。稳定持续的练习能够积聚内部热量，使容器里的事物得到温暖。我们必须学会调节和喂养火焰。调节火焰意味着我们必须密切地关注自己的内在状态。火烧得太旺，会将我们燃烧殆尽，容器也会破裂，正在进行的工作便会功亏一篑。与此同时，我们也希望能为火焰喂养足够的燃料，以推动工作继续进行。正如希尔曼所说："你只能从火中得到你喂养给火的东西。"[1]如果我们忽视火焰,内在生活就会感到寒冷,容器中的哀伤也会凝固。相反,若是能够用关注、情感和爱喂养内心生活,火焰就会得到滋养,进而逐渐将哀伤转化为黄金。

跟着悲伤做学徒的核心就在于"练习"。没有足够的练习,就无法熟练地掌握这项技能。如果能够精通哀伤的艺术,我们就能更好地继承先辈的传统——热爱生命,为生命做贡献。

练习为我们提供了许多机会

我们人类似乎是这个星球上唯一一种反复忘记自己是谁的生物。我们失去了存在感,忘记要投入生活,总是三心二意地活着。我们陷入了与自己的本性相分离的存在模式。练习的目的就是帮助我们回忆起自身的核心本质。事实上,生活本身就是一场持续不断的回忆,是一次次重聚自我的过程,是从万物的本源中汲取力量而活。

---

[1] James Hillman, *Alchemical Psychology*, Uniform Edition, vol. 5 (Putnam, CT: Spring, 2010), 30.

仁慈的心：自我慈悲的礼物

> 你可以试着在整个宇宙中去寻找一个比你自己更值得你去爱和关怀的人，但这个人是不存在的。与整个宇宙中的任何人一样，你自己也值得你去爱和关怀。
>
> ——佛陀

在每一种精神信仰的核心，都能找到来自慈悲的教导。通过慈悲之门，我们被邀请与所有生命进行更广泛的对话。慈悲通过共同的苦难将我们与万物紧密相连。慈悲（compassion）源自拉丁语compati，意为"与……一同受苦"。正是通过丧失、悲伤和痛苦，我们才加深了彼此的联系，进入了灵魂的共同体。

但是，当我们面对自我慈悲时，态度又是怎样的呢？我们往往只将关怀留给外人，仿佛自己没有资格得到任何善意。我们常常苛责自己，拒绝向自己伸出仁慈之手。然而，每个人都经历过丧失和失败、孤独和挫折。我们伤害过别人，也被别人伤害过；我们紧紧关闭自己的心扉，常常选择以自我保护的方式应对生活。

给我们的痛苦带来慈悲，这本身就是一种仁慈的举动。它让我们记起，我们也是这个有呼吸、有脉搏的世界的一部分。它提醒我们，仅仅因为在这里，我们就有资格享受慈悲的抚慰。这样一来，我们便能从自我审视的保护壳中走出来，重新回到这个广阔的世界中。

在团体中和大家一起探讨自我慈悲的话题时，我经常用"非自我改进"项目来描述我们共度的时光。在生活中，我们为了改变所做的种种努力，往往掩盖了那些或隐晦或明显的自我厌恶行为。我们带着某种复仇的心态猛烈抨击生活中的某些部分，深信自己的弱点、缺陷、需求或者失败正是痛苦的根源，只要摆脱这些缺憾，我们就能迈入完美的境地——一切都会好起来的。事实上，我们对完美的迷恋本身就是一种粗暴的应对策略，我们紧抓着它，试图借此摆脱那种被排除在外、不被接纳的感觉。

放弃对自我改进的执念就是一种善举。通过与生活为友，我们也在深化自己接纳现实、接纳变化以及接纳来到我们灵魂之门的任何人或者任何事的能力。正如鲁米所言，通常来说，我们无法决定谁或者什么会出现在房间中，但我们可以培养一种好奇和接纳的氛围。自我慈悲逐渐成为成熟的基本要素之一。慢慢地，我们不再为了迎合社会而驱逐被排斥的兄弟姐妹；相反，我们为他们在餐桌边加了一个座位。

这并不是说我们不寻求改变。在最近的一次聚会上，有人对我说："我注意到你在工作中从不谈论进展。"我说："是的。我不觉得灵魂会以线性的方式从 A 点移动到 B 点。它有时会向下移动，有时会横向移动，有时会倒退，而其他时候则静止不动。在我们的文化中，'进展'是很受珍视的谎言之一，但当它被应用于灵魂生活时，可能会给我们带来极大的伤害。一旦我们发现自己没有向前迈进或者取得所谓的进展，就会觉得哪里出了问题，以为失败的原因在自己，于是变得更加努力。而自我慈悲为我们提供了一个空间，让我们有机会停下来做个深呼吸，倾听并注意我们的灵魂在此刻的动向，让它告诉我们此刻应该关注什么。"

他接着又问我是否愿意设定目标。我说："嗯，我也不太喜欢设定目标。但如果非得用这种表达方式的话，我会说，这项工作的目标是尽可能广泛而深入地扩展灵魂的参与度。抑郁的深层原因之一是，灵魂在生活中的参与度降低了。我们的目标应该是活得全然而充实。"这才是我们真正渴望的改变。

自我慈悲的基础根植于归属感这片丰沃的土壤。它带来了一种价值感和尊严感，这种体验能够渗透到我们的整个存在，成为一种来自他人的祝福，进而会悄然转化为一种对自己的尊重和关爱。然而，问题就在于此：对许多人来说，对归属感的体验已经变得支离破碎。我们常常觉得自己生活在社会边缘，无法感受到温暖的接纳。在置身于这种流亡状态，我们觉得自己不配得到善待。在临床工作中，我无数次听到有人说："我觉得自己不值得被爱。"在自我评判和自我厌恶的氛围中，要培养对自己的慈悲的确是极其艰难的。

无论我走到哪里教学，总能感受到一种迫切的需求，仿佛人们需要某种绷带去治愈与归属感有关的创伤。幸运的是，几乎每个人都能建立一些友谊，受到一些小圈子的欢迎。就算我们觉得这些关系只是暂时的，但也足以激发我们练习自我慈悲。对此，我有一个初步定义：自我慈悲就是内化的村庄（internalized village）。暂停片刻，想象一下，在面对一位正在受苦的朋友时，我们通常会立刻给予关怀和同情。我们并不会因为评判或者责备而疏远他们。然而，在面对自己的痛苦时，我们却往往选择自我批判和责难。试想一下，假如在我们内心住着的不是自己，而是亲爱的朋友们，而且小村庄已经融入我们的胸膛，那么，当痛苦出现时，内心的朋友便会对我们说："要温柔，要善良。对待正在承受苦难的这部分自己要有慈悲心。"想象村庄居住在我们的胸膛是令人感到安慰的。也许，"己所不欲，勿施于人"这条黄金法则需要一个新的补充："待己如待人。"这种与自己的生活建立友谊的旅程，对于我们将来能否迈向更加广阔、充实的人生至关重要。

自我慈悲是一种严峻而充满挑战的练习。每天，我们都被召唤去直面自己内心那些被拒绝和排斥的部分。我们必须探索自己在遭受痛苦时的习得反应，并积极地与这些灵魂的碎片互动。我们常常对自己的这些部分表现得很冷漠，甚至加以蔑视。最近，我邀请了一群人参加一个仪式，在这个仪式中，我们以慈悲和歉意面对生活中那些被排斥的部分。这个仪式看似简单：我们在一棵古老雄伟的橡树下摆放了五块大石头。我打着鼓，大家一起唱歌，男男女女们走近石头，跪在地上，缓缓地将其中一块石头从地上抬起。在参与者的心中以及想象中，他们看到一位被排斥的兄弟或者姐妹正躺在石头下。这部分灵魂生活一直被石头压着，直到这一善意的举动出现，才得以重新站立。抬起这些石头，慢慢地欢迎这些被排斥的生命碎片时，他们不由得流下了眼泪。这一刻是美好而治愈的。

将石头搬离我们生活中的这些部分，可能有助于恢复诗人怀特所说的"纯真状态"（state of innocence）。我在使用这个术语的时候十分谨慎。"纯真"并不是某种孩子般的纯洁，而是暗示我们，通过自我慈悲，我们有机会迎来新的开始。处在被评判的状态，我们无法获得任何释放。过度批判的心态会造成一种紧缩，而慈悲会使其变得柔和，从而为新的开始（一种新鲜而未定型的成熟状态）创造可能。西班牙诗人丽贝卡·德尔里奥（Rebecca del Rio）的诗《给失望者的处方》（Prescription for the Disillusioned）正是对复苏以及新的开始的邀请。

以新的面貌迎接这一天，
脱去经验的僵硬外衣，
抛下固有的念头，
放下蒙蔽视线的信念。

将你的人生故事抛在脑后。
吐出因未达预期而感到的酸涩。
让后悔所散发的陈腐气味
飘回那无用的恐惧沼泽。

带着好奇心到来，

放下确定性的盔甲,

抛下你设想的计划和结果。

活在选择了你的生活中,

每一次呼吸和眨眼都是崭新的,

每一次都让你惊奇不已。

自我慈悲不是一时的事件,而是一种需要持之以恒的日常练习。它是内心生活的"根本练习",也是人际生活的基础。我曾在讲座中多次谈论羞耻感,并与大家分享我们的矛盾心态:既渴望建立充满爱的关系,又厌恶自己。接纳爱的能力与接纳自己的能力成正比。自我慈悲是一项需要定期练习的技能,能够帮助我们对生活保持开放。自我慈悲是慷慨的心给我们的馈赠。

慈心禅

慈心禅有许多版本,以下是我在临床工作中最常用到的一个版本。

闭上眼睛,做几次缓慢的深呼吸。在接下来的几分钟里,你无须做任何事情,无须去任何地方,无须完成任何任务。此时此刻,你只需要与自己在一起。

在吸气的同时,想象自己正坐在一个房间里冥想。让这个画面自然、完全地呈现出来。注意到自己正坐在椅子或垫子上,然后,简单地留意自己的呼吸。进入这个画面后,你听见有人打开房门,走进来,坐在你面前。你睁开眼睛,发现坐在你面前的这个人正是你自己。

不知怎的,在一瞬间,你就知道了这个人的全部故事。你知道他所经历的痛苦、背叛以及对他人的背叛。你知道他所有的绝望和孤独。你知道他所有的羞耻和忽视、丧失和死亡。你对自己说:"这个人懂得苦难。"

此时,在心中感受这个人的悲伤,向坐在你面前的这个人散播慈爱之心。想要分心是很正常的,但你只需回到心中,把慈悲心扩展到这个人身上。如果可以的话,让这种感受持续几分钟。（一个小提示：如果你很难想象出自己坐在自己面前的画面，可以坐在镜子前做这个练习。）

当你准备好时，献上三种祝福："愿你快乐。愿你免于痛苦。愿你安宁。"

现在，让这个画面消退，让你的世界里那个与你最亲近的人来到这个位置。这个人可能是你的伴侣、孩子或者父母。他同样经历过苦难，因此也值得你给予慈悲。花几分钟时间，向这个人献上你的慈爱之心，然后献上三种祝福。

你可以从这里开始，继续将这种慈爱之心向外扩展，传递给朋友、社区、国家、星球以及所有地方的每一个人。这是一种奇妙的心的练习。充满智慧的佛陀让我们从自己开始练习，因为我们往往最难对自己伸出慈悲之手。

慈心禅还有另一种常见版本，它以同样的方式开始，但这次，当你睁开眼睛时，进入房间站在你面前的，是一个全心全意爱你的人。他了解你，深知你一生经历的所有苦难。此刻，你不再是给予慈悲的一方，所以你要练习去接收来自这位仁慈的朋友的慈悲。尽可能稳稳地看着他的眼睛，感受这位朋友慈爱的目光。

自由与选择：应对情结

哀伤工作依赖于我们保持成年自我临在的能力。这要求我们关注自己是如何解离、变得碎片化以及陷入无意识状态的。

荣格指出，处理情结是心理工作中最具挑战性的几个部分之一，因为它几乎完全在意识之外运作。为了摆脱情结的影响，我们首先要做的是识别其运作方式，也就是说，必须将其带入意识，然后与之分离。"人们治愈不了无法分离的东西"这一格言来自古老的炼金术理念，对于处理情结而言同样适用。

在我自己的生活中，以及与许多人一起努力与复杂情结分离的过程中，使用的主要工具之一是书写。这个练习的目的是揭示在情结的能量场中形成的深层假设及策略。我们通过写出"孩子的世界观"来实现这一目标。在此需要注意的是，当我使用"孩子"这个术语时，并不是指记忆中曾经的自己。我用这个词是为了传达一种未成熟的、原始的感知方式。

我们需要辨别出在特定时刻，究竟是谁的声音在说话、谁的故事在表达。回想一下，上文提到过，情结在充满高浓度情感的环境中成形，从意识中分离出来并形成自己的微观存在。这一部分自我会一直待在意识之外，直到环境中的某个触发事件激活它。此时，我们往往会被情结占据，成为它的附属物。在这种状态下，我们被锁在了情结的宇宙观中，失去了作为成年人的开阔视野。

生活中的任何时刻都有可能形成情结。由创伤经历所沉淀出来的东西是原始且未成熟的，这就是我使用孩子这个意象的原因。当我说我们需要分离时，我指的是与情结分离，而不是与当年的那个孩子分离。我所指的与情结相关的孩子，是一个充满意象、记忆、感知、思想和感觉的旋涡，它将我们带入一种被情结主导的存在状态——就像一个几乎无法在世界上立足的孩子，焦虑且不确定自己的位置和归属。在创伤的语言中，我们被简化为战斗、逃跑或者僵住。我们被带回到最基本的生存层面。

在分离的过程中，我们所寻求的是一种关爱和照顾的态度，类似于父母回应孩子的困扰时所用的方式。如果太过纠结于痛苦，我们就无法获得真正的帮助和安慰。此时，最适宜的距离是保持一种充满慈悲的分离——见证、参与，但保持分离。

情结的运作方式是可辨识的，它具有一种非常"年轻稚嫩"的感知风格，其基本特征是不具备关系性。它是碎裂的、孤立的，无法与当下的世界接触。正如荣格所指出的，情结会干扰意识，影响我们感知现实的能力。他写道："情结干扰意志的意图并扰乱有意识的行为表现；它们会引起记忆障碍和联想阻塞；它们根据自己的规律出现和消失；它们可以暂时地占据意识，或者以无意识的方式影响语言和行动。总之，情结的行为表现就像是独立的存在。"[1]

通常，只有在情结消散后，我们才能察觉到它的存在。分离的目的是让我们投注在当下，尤其是在我们触发强烈的情绪反应的情况下。我在此使用了"孩子的世界观"清单，希望它能帮助我们保持成年自我的临在——即便是在最微弱的连接中。情结是对感知的整合，反映了较窄的可能性和想象力范围，因此，当它被激活时，我们的反应范围会逐渐缩小。然而，如果我们能始终深深地扎根在成年自我中，就更有可能过上有选择而不是被迫的生活。

用第三人称（他、她、他的、她的）写出"孩子的世界观"。

(1) 孩子的基本假设：

a. 与爱有关的

b. 与权力有关的

c. 与男人有关的

d. 与女人有关的

e. 与自己有关的

(2) 基于这些假设，孩子在以上领域的期望是什么？例如，如果孩子认为自己无能为力，就会觉得在关系中总是处于下风。

(3) 为了应对自己生活于其中的世界，孩子采用了哪些策略？例如：完美主义、取悦他人、退缩、与所有人保持距离、自我保存。

---

[1] Jung's thoughts on the complex are developed in his essay, "Psychological Factors in Human Behaviour" in *The Collected Works of C. G. Jung*, volume 8, trans. R. F. C. Hull (London: Routledge and Kegan Paul, 1960), 121.

(4) 孩子的触发点是什么？孩子出现需要哪些条件？例如：被批评、感到被遗弃、有人发怒等。

(5) 在你的经历中，孩子是如何出现的？

a. 身体上：当情结出现时，你注意到了什么感觉？例如：紧绷、沉重、恶心、呼吸急促或者肩膀上耸。

b. 情绪上：当情结被激活时，你注意到了什么情绪？例如：恐惧、羞耻、焦虑或者惊恐。

c. 心理上：当情结浮现时，你注意到了什么想法？例如：不信任，或者觉得自己会被拒绝和批评。

(6) 孩子在保护什么？荣格发现，在每个情结的核心都有一块非常珍贵的宝石。当情结形成并从意识中分离出来时，它带走了某种珍贵的东西以保障其安全。比如，当我的某个情结得到解决时，率真和喜悦便会再次回到我的生活中。由于害怕因任何可能被视为不合适的行为而受到羞辱，当时的我无法率真地做自己或者感受到任何喜悦。能够再次拥有我的喜悦和率真是一种非常美好的体验。

这种写作练习旨在帮助我们建立一个立足点、一个靠得住的小阵地与成年人保持连接。如果我们能够捕捉到从情结中产生的一个想法、一种身体感受或者一种情绪，就有机会保持清醒和活在当下。一旦我们取得了一定的成功，接下来需要做的就是释放情结。这是处理情结的第二阶段。过去，有些情感对孩子、士兵或者被虐待的受害者而言是难以忍受的，现在，可以放心地把这些情感交给那些能够承受和处理它们的成年人了。当然，要想面对在这个过程中涌现的退行的情感，需要极大的勇气、力量和意愿。荣格的早期学生约兰德·雅可比（Jolande Jacobi）写道："放弃自己的幼儿态固着并适应负责任的成年生活是一项严峻的考验。这并不是大多数人所期待的解决情结的方式。"[1]

这项工作无关控制，它与自由和选择有关。只要情结仍然处在意识之外，我们就会陷入强迫性重复，继续用最初经历创伤时的反应去应对生活中的各种场景。我们所追求的，是能够坦然、自由、充满灵魂地与生活相遇。在自己身上会发生什么事情、产生什么情绪、遇到什么情况，我们无法控制，但我们可以努力保持成年自我的临在，使其稳固扎根。通过这样的练习，我们便能够以慈悲心面对自己的生活，不加评判地接纳自己的痛苦。这是我们跟着悲伤做学徒的核心所在。

---

[1] Jolande Jacobi, *Complex, Archetype and Symbol* (Princeton University Press, 1959), 18.

为你和社区设计的仪式

通过仪式处理哀伤是一种强有力的做法,能帮助许多人应对生活中的悲伤。以下是一些可以独自进行或者与他人共同参与的仪式,同时也是一些邀请你发挥想象力加以深化的基本仪式。我希望它们能激发出你对自身传承的信任,发掘出仪式心灵中那丰富的宝藏。

交流圈

几千年来,人类最基本的仪式之一就是交流圈。在这种简单的练习里,每个人都被邀请来到当下——可以通过冥想、有意义的诗歌或者文章,乃至一段沉默的时光来实现。接下来,圈子会开放给人们,供人们分享自己背负的哀伤。当然,事先建立一些基本的约定是非常重要的。

不要提供建议。听完别人的分享,只需简单地说一句"我们听到了"或者"谢谢你"就可以了。

抵制住提供答案的诱惑。记住,哀伤不是一个需要解决的问题,而是一段需要被见证的经历。

认真倾听他人的分享。有人发言后,要给他留出一些呼吸的时间和空间。这会营造出一种发言者被倾听以及大家正在一起培植仪式所需要的土壤的感觉。

保密。参与者展现出的脆弱和冒险，反映了他们在被看见时体验到的安全感。重要的是要达成共识——在圈子里分享的内容只能保留在圈子里。

练习自我暴露的语言。进行暴露是为了大声宣告我是谁，而不是告诉别人应该怎样。为彼此的暴露创造安全的容器是一个治愈的过程。

这是一个简单的仪式，但我们之中却很少有人有机会进入这一圣地。

石头仪式

在这个仪式里，祭坛的中心设有一个大水碗，四周摆放着一堆小石头。每块石头都足够小，以便能够轻松地放在手掌中。进行祈祷之后，参与者一个接一个地走近祭坛，捡起一块小石头。如果他们愿意的话，还可以大声地说出心中的哀伤。当他们说出之后，便将小石头放入水碗中。他们的悲伤可能来自某种特定的丧失带来的痛苦，可能来自孩子经受的痛苦，也可能来自地球及其生物遭受的野蛮破坏。所有的哀伤都被邀请进入这个碗中。这个过程会反复进行，直到每个人都走近祭坛。团体成员们可以事先决定好是否允许大家多次走近祭坛。通常情况下，人们可以根据需要多次前往祭坛。当所有的悲伤都被命名，水碗逐渐被填满时，人们越来越能感觉到这是一种集体哀伤，而不仅仅是个体的哀伤。这是我们共同的哀伤。

稍事停顿，让这个事实逐渐渗入我们的骨髓，然后再进入户外环节。这时，有人捡起水碗，将水倒在一株植物上，把我们的哀伤转化为绿色世界所需的养分。随后，有人负责将这些小石头带到溪流、池塘或者海洋中，通过水的流动再次清洗这些小石头。这是一个简单有力的仪式。

这个仪式已被应用在多种场合：一个社区曾用它应对一起年轻人自杀事件；一群活动家用它来抗议发生在加拿大边境沿线的伐木活动；许多每月定期见面的哀伤团体也举行过这个仪式。

向大地倾诉

这是一种在诸多文化里都很常见的仪式，我们对其做了适当的改编。这种仪式通常是独自一人进行的，但也可以邀请见证者加入。当我们独自一人，想要将哀伤从身体中释放出来时，这一仪式非常有用。然而，这个仪式揭示了一个深刻的真理——你从未真正孤单过。在这个特殊的仪式中，你会感受到大地充满爱意的脉动环绕着你。

找一个让你感到绝对安全的户外地点，可以是你家的后院、朋友家的后院或者野外的某个地方。在地上挖一个大约 30 厘米宽、30 厘米深的洞用来向大地倾诉。可以先对大地说一些感恩的话，感谢她接纳你的哀伤。可以往洞里放一些烟草或者灰烬——在传统文化中，它们经常被用作祭品——或者你认为合适的任何祭品，同时说出你的感激之情。然后，告诉大地你的需求。你可以这样说："我已经背负这份哀伤太久太久，久到再也无法承受。它太沉重，压得我无法感受到任何喜悦。我知道你能承载这份悲伤，甚至可以将它转化为甜蜜的养分，让它在你的身体里生根发芽。我这么做是为了放下我的悲伤，以便更好地参与到社区的修复中。谢谢你在这里陪伴我以及我们所有人。"

接下来，趴在地上，把你的哀伤倾诉、哭泣、呼喊或者嚎叫给大地听。请放心，她能够全然地接纳这一切，并将其转化为生命所需的养分。做完这件事之后，再次感谢大地对你的爱护和包容。最后，封上洞口，尽量把它恢复到原来的样子，这样就没人知道这里发生了什么。

在心理咨询中，我经常向人们推荐这个仪式。向大地倾诉之后，他们都变得更加轻松了——毕竟，大地的善意能够触动我们每个人。

应对哀伤的资源

能够帮助我们应对哀伤的资源十分丰富，我在此列出一些供大家参考。

诗歌

Baca, Jimmy Santiago. *Healing Earthquakes*. New York: Grove Press, 2001.

Berry, Wendell. *New and Collected Poems*. Berkeley, CA: Counterpoint, 2012.

Hall, Donald. *Without*. Boston: Houghton, Mifflin, 1998.

Hogan, Linda. *Dark. Sweet: New and Selected Poems*. Minneapolis, MN: Coffee House Press, 2014.

———. *The Book of Medicines*. Minneapolis, MN: Coffee House Press, 1993.

Housden, Roger. *Ten Poems to Say Goodbye*. New York: Harmony Books, 2012.

Machado, Antonio. *Times Alone: Selected Poems of Antonio Machado*. Translated by Robert Bly. Middletown, CT: Wesleyan Press, 1983.

Nye, Naomi Shihab. *Words under the Words*. Portland, OR: Far Corner Books, 1995.

Oliver, Mary. *Thirst*. Boston: Beacon Press, 2006.

Rilke, Rainer Maria. *Selected Poems of Rainer Maria Rilke*. Translated by Robert Bly. New York: Harper and Row, 1981.

———. *In Praise of Mortality*. Translated by Anita Barrows and Joanna Macy. New York: Riverhead Books, 2005.

Whyte, David. *Where Many Rivers Meet*. Langley, WA: Many Rivers Press, 1990.

———. *Pilgrim*. Langley, WA: Many Rivers Press, 2012.

Young, Kevin (ed.). *The Art of Losing: Poems of Grief and Healing*. New York: Bloomsbury, 2010.

仪式 / 练习

Fox, John. *Poetic Medicine: The Healing Art of Poem-Making*. New York: Tarcher/Putnam 1997.

Goldberg, Natalie. *Thunder and Lightning: Cracking Open the Writer's Craft*. New York: Bantam Books, 2000.

Grimes, Ronald. *Deeply into the Bone: Re-inventing Rites of Passage*. Berkeley: University of California Press, 2000.

Hinton, David. *Hunger Mountain: A Field Guide to Mind and Landscape*. Boston: Shambhala Books, 2012.

Nepo, Mark. *The Endless Practice: Becoming Who You Were Born to Be*. New York: Atria Books, 2014.

Rosen, Kim. *Saved by a Poem: The Transformative Power of Words*. New York: Hay House, 2009.

Sardello, Robert. *Silence*. Berkeley, CA: Goldenstone Press, 2006.

Somé, Malidoma. *The Healing Wisdom of Africa: Finding Life Purpose through Nature, Ritual, and Community*. New York: Tarcher / Putnam, 1998.

心理学 / 灵魂工作

Cornell, Ann Weiser. *The Power of Focusing: A Practical Guide to Emotional Self-Healing*. Oakland, CA: New Harbinger Publications, 1996.

Deardorf, Daniel. *The Other Within: The Genius of Deformity in Myth, Culture and Psyche*. Berkeley, CA: North Atlantic Books, 2009.

Epstein, Mark. *The Trauma of Everyday Life*. New York: Penguin, 2013.

Glendinning, Chellis. *My Name Is Chellis and I´m in Recovery from Western Civilization*. Boston: Shambhala Publications, 1994.

Greenspan, Miriam. *Healing through the Dark Emotions: The Wisdom of Grief, Fear, and Despair*. Boston: Shambhala Books, 2004.

Hollis, James. *Swamplands of the Soul: New Life in Dismal Places*.

Toronto: Inner City Books, 1996.

Levine, Stephen. *Unattended Sorrow*. Emmaus, PA: Rodale Press, 2005.

Macy, Joanna, and Chris Johnstone. *Active Hope: How to Face the Mess We're in without Going Crazy*. Novato, CA: New World Library, 2012.

Moore, Thomas. *Dark Nights of the Soul: A Guide to Finding Your Way Through Life's Ordeals*. New York: Gotham Books, 2004.

Murphy, Susan. *Minding the Earth, Mending the World: Zen and the Art of Planetary Crisis*. Berkeley, CA: Counterpoint, 2014.

Nicholsen, Shierry Weber. *The Love of Nature and the End of the World: The Unspoken Dimensions of Environmental Concern*. Cambridge, MA: MIT Press, 2002.

Plotkin, Bill. *Wild Mind: A Field Guide to the Human Psyche*. Novato, CA: New World Library, 2013

Ray, Reginald. *Touching Enlightenment: Finding Realization in the Body*. Boulder, CO: Sounds True, 2008.

回忆录

Didion, Joan. *The Year of Magical Thinking*. New York: Knopf Books, 2005.

Moore, Kathleen Dean. *Wild Comfort: The Solace of Nature*.

Boston: Trumpeter Press, 2010.

Romanyshyn, Robert. *The Soul in Grief: Love, Death and Transformation.* Berkeley, CA: North Atlantic Books, 1999.

Williams, Terry Tempest. *Finding Beauty in a Broken World.* New York: Pantheon Books, 2008.

———. *Refuge: An Unnatural History of Family and Place.* New York: Vintage Books, 1992.

疗愈之书

Hogan, Linda. *Dwellings: A Spiritual History of the Living World.* New York: Simon and Schuster, 1995.

Jensen, Derrick. *A Language Older Than Words.* New York: Context Books, 2000.

Silko, Leslie Marmon. *Ceremony.* New York: Penguin Books, 1977.

学习指南

如果你希望在团体中使用我的书,可以参考由金·戈斯尼(Kim Gosney)编写的学习指南。金负责加州兰乔帕洛斯弗迪斯(Rancho Palos Verdes)太平洋一神论教会(Pacific Unitarian Church)的教育项目。

电影

很多电影或者纪录片都以丧失和悲伤为主题。我在此列出一些供大家参考。

Angels in America (2003, directed by Mike Nichols).

Antwone Fisher (2002, directed by Denzel Washington).

As It Is in Heaven (2004, directed by Kay Pollak).

Dead Poets Society (1989, directed by Peter Weir).

Departures (2008, directed by Yojiro Takita).

Griefwalker (2008, directed by Tim Wilson).

In America (2002, directed by Jim Sheridan).

Kundun (1997, directed by Martin Scorsese).

Lars and the Real Girl (2007, directed by Craig Gillespie).

Legends of the Fall (1994, directed by Edward Zwick).

The Secret Life of Bees (2008, directed by Gina Prince-Bythewood).

Smoke Signals (1998, directed by Chris Eyre).

致　谢

我想向曾与我在工作中有过交集的人们表示感谢。在临床实践中，以及我所主持的研讨会中，我曾有幸与你们成为同路人。你们不仅教会了我什么是哀伤（grief），还让我学会如何治愈生命中那些不断累积的悲伤（sorrow）。①

我要向我亲爱的朋友们表示感谢，在写作的过程中，你们的忠诚与信任给了我莫大的鼓励。理查德·帕尔默（Richard Palmer）、朱迪斯·特里普（Judith Tripp）、米歇尔·凯普（Michelle Keip）、拉里·罗宾逊（Larry Robinson）、道格·冯·科斯（Doug von Koss）、理查德·内格尔（Richard Naegle）、金·斯坎伦（Kim Scanlon）、帕特里克·穆林（Patrick Mullin）、鲍勃·海因斯（Bob Hynes）和约翰·梅瑟夫（John Meserve），你们的友谊是我的无价之宝。

我要向蓝乌鸦村（Blue Raven Village）的兄弟姐妹们表示感谢：萨珊娜（Sashana）、大卫（David）、金（Kim）、鲍勃（Bob）、约翰（John）、菲奥娜（Fiona）、扎克（Zack）、黛安（Diane）、朱迪思（Judith）、

---

① 哀伤（grief）通常指因重大的丧失而引发的持久、深刻的悲痛。悲伤（sorrow）则泛指多种多样的悲痛和难过，其程度较轻且不一定持续很长时间。在本书中，这两个词经常交替使用，有时并未做严格区分。——译者注

韦恩（Wayne）、珍妮（Jeannie）、特拉维斯（Travis）和奥利弗（Oliver）。感谢你们始终如一的爱与支持。

我要向我的导师们致敬：灵魂医生罗伯特·斯坦（Robert Stein）、温柔而仁慈的克拉克·贝里（Clarke Berry），以及深谙灵魂工作的拉里·斯皮罗（Larry Spiro），是你们教会了我如何以直抵灵魂的方式倾听他人。我将永远为此心怀感激。我想念你们所有人。

感谢安德鲁·哈维（Andrew Harvey）和卡罗琳·贝克将我的工作引荐给北大西洋图书公司（North Atlantic Books）的道格·雷尔（Doug Reil）和蒂姆·麦基（Tim McKee）。感谢凡妮莎·塔（Vanessa Ta）和詹妮弗·伊斯曼（Jennifer Eastman），感谢你们的悉心编辑和对本书精华的保留。

感谢卡尔·荣格、詹姆斯·希尔曼、保罗·谢泼德、马里多马·索梅、托马斯·贝里、加里·斯奈德、特里·泰姆佩斯特·威廉斯、切利斯·格伦丁、迈克尔·米德、约瑟夫·坎贝尔、马丁·普雷切特尔、托马斯·摩尔（Thomas Moore）、德里克·詹森（Derrick Jensen）、罗伯特·布莱、凯瑟琳·迪恩·摩尔和大卫·阿布拉姆（David Abram）等人引导我走向有意义的生活，并启发我塑造自己的人生。

向来自各个时代的诗人们致敬，你们的话语道出了灵魂的真谛。在这个亟须创造力的时代，你们使想象力保持鲜活。

向世界各地的原住民文化表示敬意。你们坚定地守护着自己的生活方式，捍卫着自己的土地，使我们铭记生而为人的意义何在。

向俄罗斯河流域（Russian River Watershed）[①]致敬，你的美丽和丰饶充实着我的每一天。感谢，感谢，感谢！

向我的儿子克里斯托弗（Christopher）表示感谢。你带来了源源不断的惊喜。愿你能继续给这个世界带来美好。

向维克多（Victor）表示感谢，你承载了许多美好与期待。希望你能继续传承祖父的心灵，谱写精彩篇章。

最后，感谢我的妻子朱迪斯（Judith）。谢谢你鼓励我写作此书，并且始终如一地支持我。谢谢你将我带到了一个充满歌声的世界。

[①] 指美国加利福尼亚州北部的俄罗斯河流域，该地区有着丰富美丽的自然资源，常成为环境保护和可持续发展的讨论的焦点。——译者注